浙江省高职院校"十四五"首批重点教材建设立项项目
浙江省高校"十三五"新形态教材
高等职业教育"新资源、新智造"系列精品教材
工业机器人操作与运维"1+X"证书配套教材

工业机器人操作与编程

李方园　主　编

张燕珂　周庆红　郑振杰　副主编

電子工業出版社
Publishing House of Electronics Industry
北京 · BEIJING

内 容 简 介

本书以 ABB IRB 系列工业机器人及其仿真系统为平台，面向智能制造领域，从工业机器人操作与维护人员的角度出发，以工业机器人操作与运维的“1+X”证书大纲为主线，按照从理论到实践、从编程到应用的顺序由浅入深地阐述了工业机器人入门、工业机器人基本操作、工业机器人 RAPID 程序设计、ABB 机器人联机与高级编程、工业机器人系统维护与故障处理等内容。全书以案例教学的形式对工业机器人的重要功能进行深入细致的讲解，面向工业机器人工程应用，使读者所学即所用。

作为工业机器人操作与运维“1+X”证书的配套教材，本书内容深入浅出、图文并茂，既可以作为高职院校工业机器人技术、电气自动化技术、机电一体化技术、应用电子技术等专业相关课程的教材，也可供学习工业机器人技术的工程人员自学使用。

未经许可，不得以任何方式复制或抄袭本书之部分或全部内容。
版权所有，侵权必究。

图书在版编目（CIP）数据

工业机器人操作与编程 / 李方园主编. —北京：电子工业出版社，2021.1
ISBN 978-7-121-40085-8

Ⅰ. ①工…　Ⅱ. ①李…　Ⅲ. ①工业机器人－操作－高等学校－教材②工业机器人－程序设计－高等学校－教材　Ⅳ. ①TP242.2

中国版本图书馆 CIP 数据核字（2020）第 238665 号

责任编辑：王昭松
印　　刷：涿州市般润文化传播有限公司
装　　订：涿州市般润文化传播有限公司
出版发行：电子工业出版社
　　　　　北京市海淀区万寿路 173 信箱　邮编 100036
开　　本：787×1 092　1/16　印张：12.5　字数：320 千字
版　　次：2021 年 1 月第 1 版
印　　次：2025 年 2 月第 10 次印刷
定　　价：39.80 元

凡所购买电子工业出版社图书有缺损问题，请向购买书店调换。若书店售缺，请与本社发行部联系，联系及邮购电话：（010）88254888，88258888。

质量投诉请发邮件至 zlts@phei.com.cn，盗版侵权举报请发邮件至 dbqq@phei.com.cn。

本书咨询联系方式：（010）88254015，wangzs@phei.com.cn，QQ：83169290。

前　言

被称为“工业 4.0”的生产力和生产关系的大变革正在发生，这次变革以机器人、人工智能、大数据、云计算、物联网为技术基础，以数据的采集、分析和应用为主要目的和手段，实现各种自动化和智能化。这种变化将触及从体力到脑力的所有岗位，并将深刻地影响和改变社会现有形态，机器替代人的趋势将快速到来，尤其是在工业制造领域。因此，让学生更好地掌握和使用工业机器人，是以培养技能型人才为目标的高职院校相关专业面临的最大挑战。

教育部推出的“1+X”证书制度是贯彻落实《国家职业教育改革实施方案》的重要内容，是完善职业教育和培训体系、深化产教融合、推进校企合作的一项重要制度设计。本书作为工业机器人操作与运维“1+X”证书的配套教材，以 ABB IRB 系列工业机器人及其仿真系统为平台，面向智能制造领域，从工业机器人操作与维护人员的角度出发，以工业机器人操作与运维的“1+X”证书大纲为主线，按照从理论到实践、从编程到应用的顺序由浅入深地阐述了工业机器人入门、工业机器人基本操作、工业机器人 RAPID 程序设计、ABB 机器人联机与高级编程、工业机器人系统维护与故障处理等内容。全书以案例教学的形式对工业机器人的重要功能进行深入细致的讲解，面向工业机器人工程应用，使读者所学即所用。

本书共分 5 章。第 1 章主要介绍了工业机器人入门的相关知识，包括工业机器人的发展情况、分类、核心参数、关节机构和控制系统，并介绍了本书所使用的 ABB 公司 IRB 系列机器人的型号与含义、基本组成及坐标系。第 2 章主要介绍了工业机器人基本操作，主要内容为示教器外部结构和运行模式、机器人手动操纵设定工具数据和工件坐标、I/O 接线与操作，同时详细介绍了工件搬运过程操作与编程实例。第 3 章阐述了工业机器人 RAPID 程序设计方法，从机器人编程语言系统结构出发，介绍了 ABB 机器人程序结构、RAPID 语句词法单元、程序数据类型、RAPID 表达式和基本语句、运动控制指令和相关函数，同时以机器人自动更换夹具为例详细阐述了 RAPID 的编程步骤。第 4 章介绍了 ABB 机器人联机与高级编程，内容涵盖 RobotStudio 仿真 IRB 2600 机器人研磨实例、中断程序编程实例、机器人打磨和码垛编程实例等。第 5 章阐述了工业机器人系统维护与故障处理，从日常检查及维护事项、定期检修项目及维护方法、机器人控制器与示教器的维护与故障处理、工业机器人本体故障诊断 4 个方面进行详细例举。

本书由李方园主编，张燕珂、周庆红、郑振杰为副主编。在编写过程中，ABB 公司及其代理商提供了相当多的典型案例和调试经验。同时，在编写中编者参考和引用了国内外许多专家、学者、工程技术人员最新出版和发表的著作和论文，在此一并致谢。

由于编者水平有限，书中难免存在不足和错误之处，希望广大读者能够给予批评和指正，编者将不胜感谢。

注：为保证实际操作与内文配图的一致性，本书保留了配图中“电机”的说法，并以文图一致为原则，正文文字也采用“电机”一说。文中的“电机”均为电动机，不涉及发电机。

编　者

2020 年 9 月

目　　录

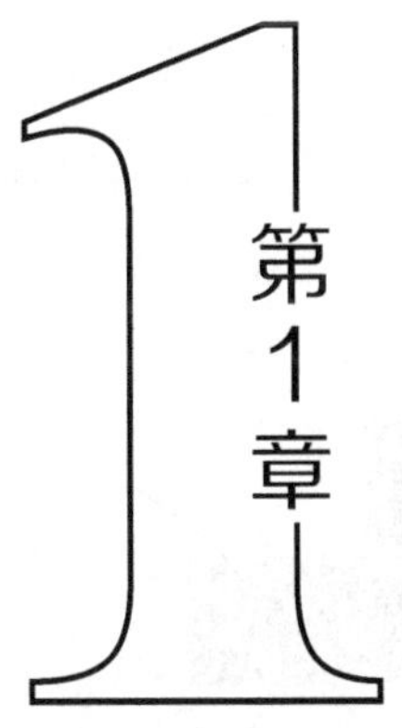

工业机器人入门

导读

工业机器人是面向工业领域的多关节机械手或多自由度的机器装置，它能自动执行工作，是一种靠自身动力和控制能力来实现各种功能的机器。工业机器人的种类很多，其功能、特征、驱动方式、应用场合等不尽相同，但其核心参数不外乎自由度、精度、工作范围、最大工作速度和承载能力等。本章介绍了工业机器人的关节机构、结构运动简图、控制系统，同时介绍了 ABB 公司 IRB 系列机器人的入门知识。

知识图谱

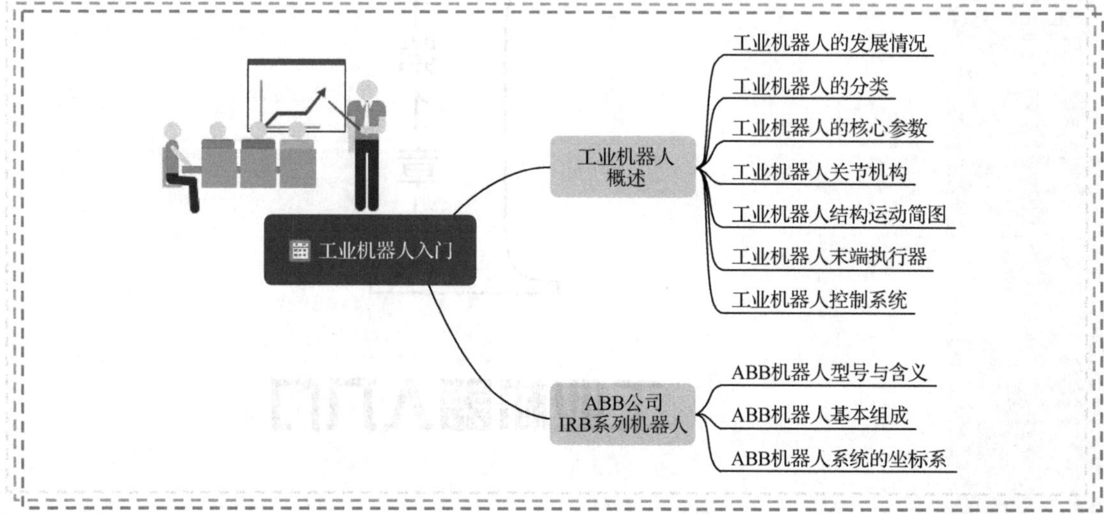
工业机器人入门
工业机器人概述
工业机器人的发展情况
工业机器人的分类
工业机器人的核心参数
工业机器人关节机构
工业机器人结构运动简图
工业机器人末端执行器
工业机器人控制系统
ABB公司IRB系列机器人
ABB机器人型号与含义
ABB机器人基本组成
ABB机器人系统的坐标系

1.1　工业机器人概述

1.1.1　工业机器人的发展情况

1. 工业机器人的定义

工业机器人是面向工业领域的多关节机械手或多自由度的机器装置，它能自动执行工作，是一种靠自身动力和控制能力来实现各种功能的机器。工业机器人可以接受人类指挥，也可以按照预先编制的程序运行，还可以根据人工智能技术制定的原则纲领行动。

2. 世界工业机器人发展情况

1954 年，乔治・迪沃申请了第一个机器人的专利（1961 年被授予），该机器人采用液压执行机构，使用关节坐标进行编程。基于该专利，他成立了制作机器人的第一家公司 Unimation，Unimation 后授权给日本川崎重工。1973 年，ABB 公司（原 ASEA 公司）推出由微型处理器控制的全电动机器人 IRB 6。同期，库卡（KUKA）推出类似的 FAMULUS 机器人。随着汽车工业的快速发展，工业机器人应用快速普及，形成了 ABB、安川、KUKA、FANUC 多品牌共同发展的局面。

3. 我国工业机器人发展情况

我国的工业机器人起步于 1970 年代初，经历了 1970 年代的萌芽期、1980 年代的开发期和 1990 年代的实用化期，目前，我国已生产出部分机器人关键元器件，开发出弧焊、点焊、码垛、装配、搬运、注塑、冲压、喷漆等工业机器人。一批国产工业机器人已经服务在国内众多企业的生产线上；一些科研机构和企业已经掌握了工业机器人操作机的优化、设计、制造技术及工业机器人控制的软硬件技术，涌现出了新松、埃斯顿、华中数控、新时达、广州数控、汇川等机器人品牌。

1.1.2　工业机器人的分类

工业机器人的分类

工业机器人的种类很多，其功能、特征、驱动方式及应用场合等不尽相同。关于工业机器人的分类，国际上没有制定统一的标准。从不同的角度会有不同的分类方法。

（1）按机器人的结构特征划分。

机器人的结构形式多种多样，典型机器人的运动特征是用其坐标特性来描述的。按结构特征来分，工业机器人通常可以分为直角坐标机器人、柱面坐标机器人、球面坐标机器人、关节型机器人、并联机器人、双臂机器人、AGV 移动机器人等，其外观如图 1-1 所示。

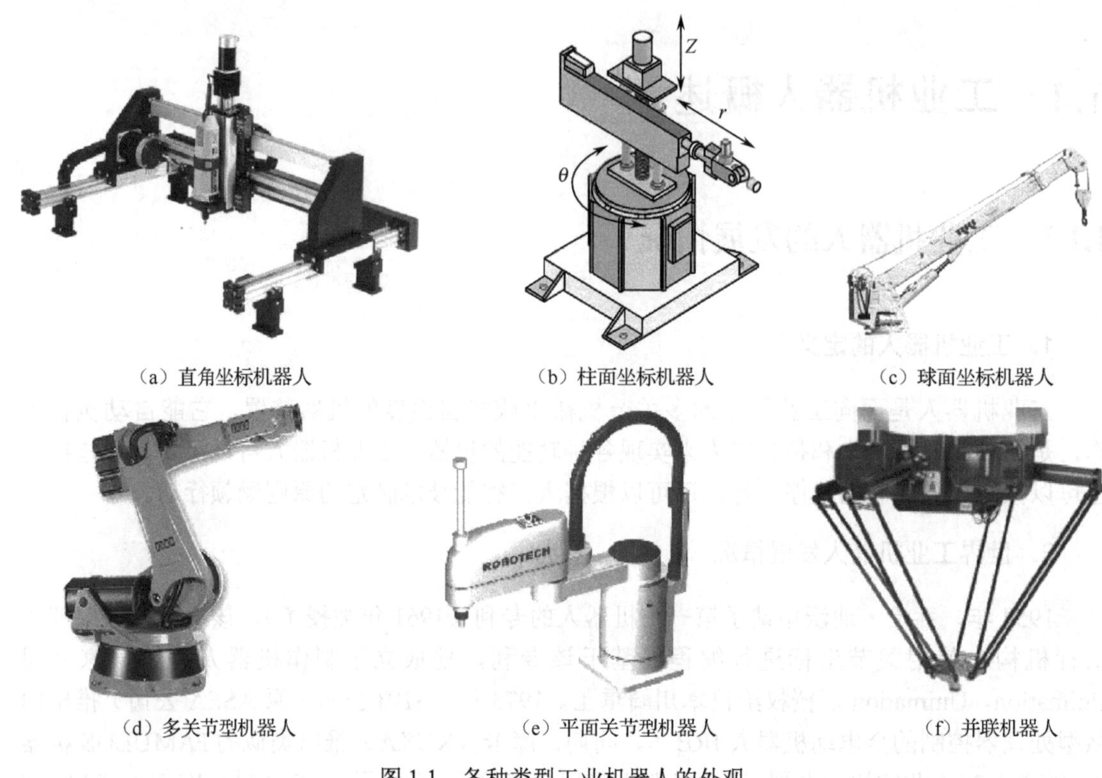

（a）直角坐标机器人　（b）柱面坐标机器人　（c）球面坐标机器人

（d）多关节型机器人　（e）平面关节型机器人　（f）并联机器人

图 1-1　各种类型工业机器人的外观

（2）按控制方式划分。

按照机器人的控制方式不同，可将机器人分为非伺服控制机器人和伺服控制机器人两类。

① 非伺服控制机器人。非伺服控制机器人的工作能力比较有限。这种机器人按照预先编好的程序进行工作，使用限位开关、终端制动器、插销板和定序器来控制机器人机械手的运动。非伺服控制机器人的工作原理如图 1-2 所示。

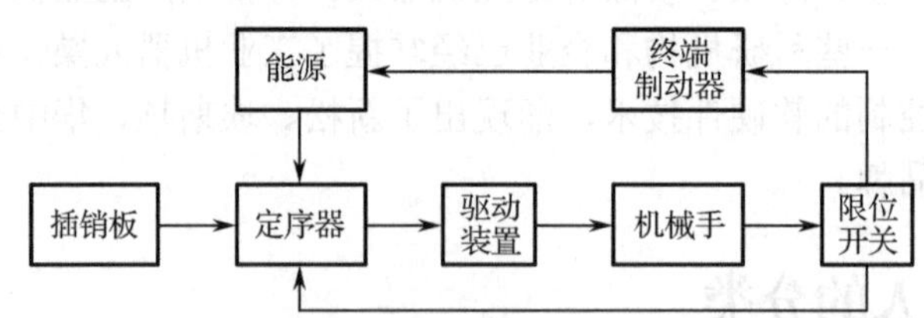

图 1-2　非伺服控制机器人的工作原理

② 伺服控制机器人。伺服控制机器人比非伺服控制机器人有更强的工作能力，因而价格较贵，但在某些情况下不如非伺服控制机器人可靠。图 1-3 表示伺服控制机器人的工作原理。伺服控制机器人又可细分为连续轨迹控制机器人和点位控制机器人。点位控制机器人的运动为点到点之间的直线运动，连续轨迹控制机器人的运动轨迹可以是空间上的任意连续曲线。

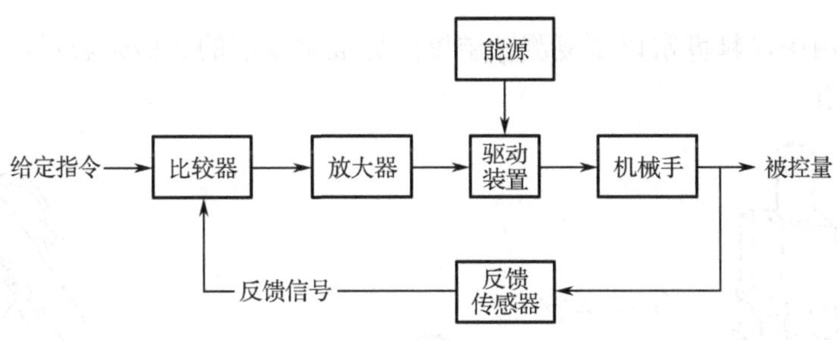

图 1-3　伺服控制机器人的工作原理

（3）按驱动方式划分。

根据能量转换方式的不同，工业机器人可以分为液压驱动、气压驱动、电力驱动和新型驱动 4 种类型。

① 液压驱动。液压驱动使用液体来驱动执行机构。与气压驱动机器人相比，液压驱动机器人具有较大的负载能力，其结构紧凑，传动平稳，但液体容易泄漏，不宜在高温或低温场合作业。

② 气压驱动。气压驱动机器人是以压缩空气来驱动执行机构的。这种驱动方式的优点是：空气来源方便，动作迅速，结构简单。缺点是：工作的稳定性与定位精度不高，抓力较小，所以常用于负载较小的场合。

③ 电力驱动。电力驱动是利用电机产生的力矩来驱动执行机构的。目前，越来越多的机器人采用电力驱动方式，电力驱动易于控制，运动精度高，成本低。

④ 新型驱动。伴随着机器人技术的发展，出现了利用新的工作原理制造的新型驱动器，如静电驱动器、压电驱动器、形状记忆合金驱动器、人工肌肉及光驱动器等。

1.1.3　工业机器人的核心参数

工业机器人的核心参数

工业机器人的种类虽多，但其核心参数不外乎自由度、精度、工作范围、最大工作速度和承载能力等。

1．自由度

自由度是指机器人所具有的独立运动坐标轴的数目，不包括手爪（末端执行器）的开合自由度。在工业机器人系统中，一个自由度需要有一个电机驱动。在三维空间中描述一个物体的位置和姿态（简称位姿）需要 6 个自由度。

工业机器人的自由度是根据其用途设计的，可能小于 6 个自由度，也可能大于 6 个自由度。图 1-4 所示为 5 自由度机器人，图 1-5 所示为 6 自由度机器人。

2．精度

工业机器人精度是指定位精度和重复定位精度。定位精度是指机器人手部实际到达位置与目标位置之间的差异，用反复多次测试的定位结果的代表点与指定位置之间的距离来表示。重复定位精度是指机器人重复定位手部于同一目标位置的能力，以实际位置值的分散程度来表示。在实际应用中，精度常以重复测试结果的标准偏差值的 3 倍来表示，它用于衡量一系列误差值的密集度。

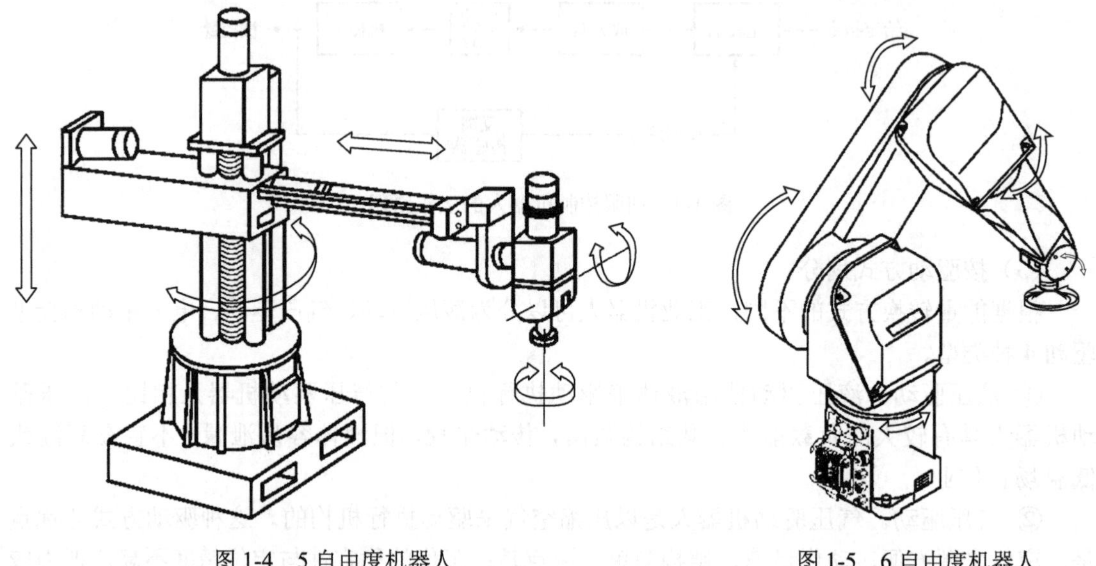

图 1-4　5 自由度机器人　　　　图 1-5　6 自由度机器人

3. 工作范围

工作范围是指机器人手臂末端或手腕中心所能达到的所有点的集合，也叫作工作区域。因为末端执行器的形状和尺寸是多种多样的，为了真实地反映机器人的特征参数，工作范围一般指不安装末端执行器的工作区域。工作范围的形状和大小十分重要，机器人在执行某作业时可能会因为存在手部不能到达的作业死区而不能完成任务。

4. 最大工作速度

最大工作速度，既可以指工业机器人自由度上最大的稳定速度，也可以指手臂末端的最大合成速度。工作速度越快，工作效率就越高。但是，工作速度越快，升速和降速花费的时间就越长。

5. 承载能力

承载能力是指机器人在工作范围内的任何位置上所能承受的最大质量。承载能力不仅与负载的质量有关，而且与机器人运行的速度、加速度的大小和方向有关。为了安全起见，承载能力这一技术指标是指高速运行时的承载能力。承载能力不仅指负载，还包括机器人末端执行器的质量。

1.1.4　工业机器人关节机构

在机器人机构中，两相邻连杆之间有一个公共的轴线，两杆之间允许沿该轴线相对移动或绕该轴线相对转动，构成一个运动副，也称关节。机器人关节的种类决定了机器人的运动自由度，移动关节、转动关节、球面关节和虎克铰关节是机器人机构中经常使用的关节类型。

移动关节用字母P表示，它允许两相邻连杆沿关节轴线相对移动，这种关节具有1个自由度，如图1-6（a）所示。转动关节用字母R表示，它允许两相邻连杆绕关节轴线相对转动，这种关节具有1个自由度，如图1-6（b）所示。球面关节用字母S表示，它允许两相邻连杆之间有3个独立的相对转动，这种关节具有3个自由度，如图1-6（c）所示。虎克铰关节用字母T表示，它允许两相邻连杆之间沿两个方向相对转动，这种关节具有2个自由度，如图1-6（d）所示。

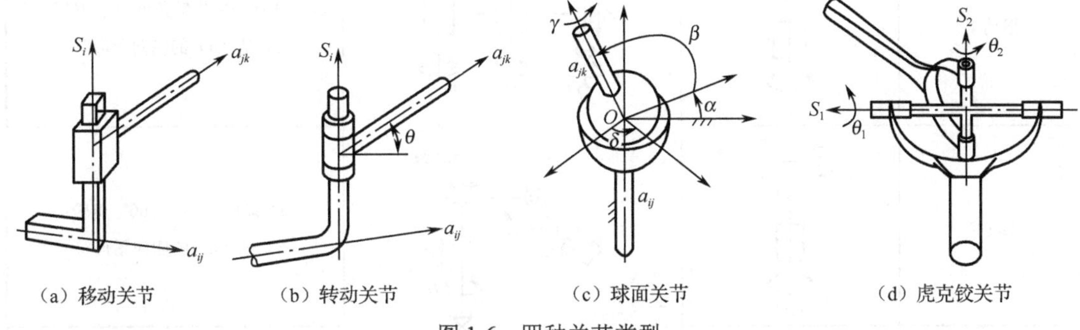

图1-6 四种关节类型

如图1-7所示为六关节机器人的外观，包括机座、机身、大臂、小臂、腕部和手部关节，这些关节均为转动关节。该款机器人以机座回转式部件为基础，通过机身直接连接、支承和传动机器人的其他运动机构；由大臂和小臂组成的手臂部件起到了支承腕部和手部，并带动它们在空间运动的作用；确定手部的作业方向，一般需要3个自由度，这3个回转方向为：绕小臂轴线方向旋转的臂转（图1-7所示的4）、使手部相对于小臂进行摆动（图1-7所示的5）和使手部绕自身的轴线方向旋转（图1-7所示的6）。

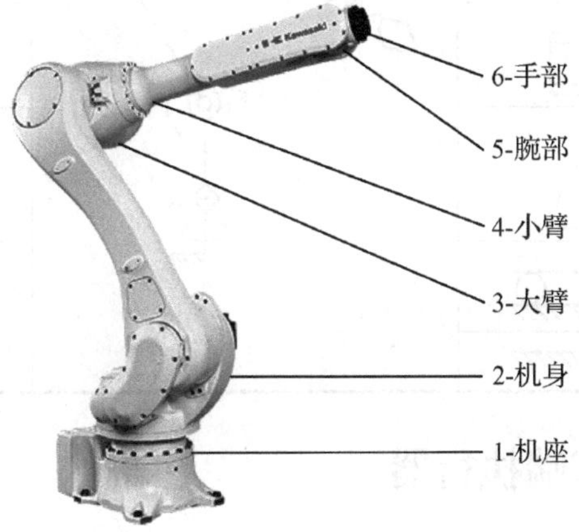

图1-7 六关节机器人的外观

1.1.5 工业机器人结构运动简图

工业机器人结构运动简图是指用结构与运动符号表示机器人手臂、手腕和手指等结构及结构间的运动形式的简易图形符号，如表 1-1 所示。

表 1-1 工业机器人结构运动简图

运动和结构机能	结构运动符号	图例说明	备注
移动 1			—
移动 2			—
摆动 1	(a) (b)		(a) 绕摆动轴旋转角度小于 360°；(b) 是 (a) 的侧向图形符号
摆动 2	(a) (b)		(a) 能绕摆动轴 360° 旋转；(b) 是 (a) 的侧向图形符号
回转 1			一般用于表示腕部回转
回转 2			一般用于表示机身的旋转
钳爪式手部			—
磁吸式手部			—
气吸式手部			—
行走机构			—
机座固定			—

1.1.6 工业机器人末端执行器

工业机器人末端执行器

1. 末端执行器的定义

末端执行器具有两种定义方式，具体如下。

(1) 末端执行器是一个安装在移动设备或者机器人手臂上，使其能够拿起一个对象，并且具有处理、传输、夹持、放置和释放对象到一个准确的位置等功能的机构。

② 末端执行器也叫机器人的手部，它是安装在工业机器人手腕上、可直接抓握工件或执行作业的部件，包括气动手爪之类的工业装置，以及弧焊和喷涂等应用的特殊工具。

2. 末端执行器的特点

（1）手部与手腕相连处可拆卸。

手部与手腕之间有机械接口，也可能有电、气、液接头，当工业机器人作业对象不同时，可以方便地拆卸和更换手部。

（2）手部的通用性比较差。

工业机器人手部通常是专用的装置，一种手爪往往只能抓握一种或几种在形状、尺寸、质量等方面相近的工件，而一种工具往往只能执行一种作业任务。

（3）手部是一个独立的部件。

假如把手腕归属于手臂，那么工业机器人机械系统的三大件就是机身、手臂和手部（末端执行器）。手部对于整个工业机器人来说是完成作业、判断作业柔性好坏的关键部件之一。具有复杂感知能力的智能化手爪的出现，增加了工业机器人作业的灵活性和可靠性。

3. 末端执行器的分类

由于工业机器人的用途不同，因此要求末端执行器的结构和性能也不相同。

按功能分类，末端执行器可分为两大类，分别是手爪类和工具类。当机器人进行物体的搬运和零件的装配时，一般采用手爪类末端执行器，其特点是可以握持或抓取物体。

按智能化程度分类，可以分为普通式和智能式两类。普通式为不具备传感器的末端执行器；智能式为具备一种或多种传感器的末端执行器。

4. 手爪类末端执行器

夹持类手爪与人手相似，是工业机器人常用的一种手部形式。一般由手指（手爪）、驱动装置、传动机构和支架组成，如图1-8所示，能通过手爪的开闭动作实现对物体的夹持。

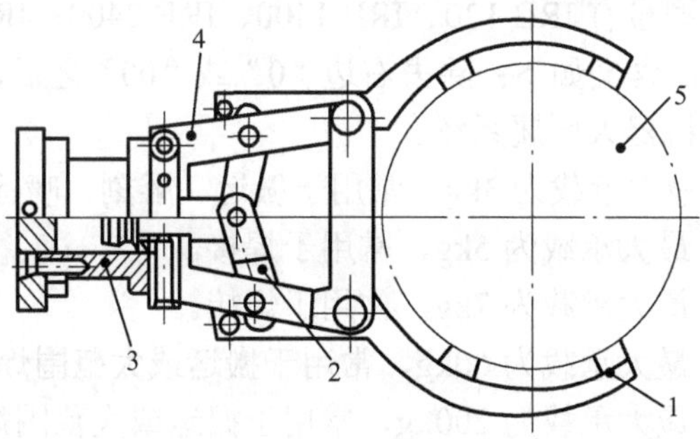

1—手指；2—传动机构；3—驱动装置；4—支架；5—工件

图1-8　夹持类手爪

1.1.7　工业机器人控制系统

工业机器人控制系统作为机器人的重要组成部分之一，其主要作用是根据操作人员的指令操作和控制机器人的执行机构，使机器人完成作业任务的动作要求。一个良好的控制系统应具有便捷灵活的操作方式、多种形式的运动控制方式和安全可靠的运行模式。构成机器人控制系统的要素主要有计算机硬件系统及操作控制软件、输入/输出设备、驱动系统、传感系统等。

各要素间的关系如图 1-9 所示。

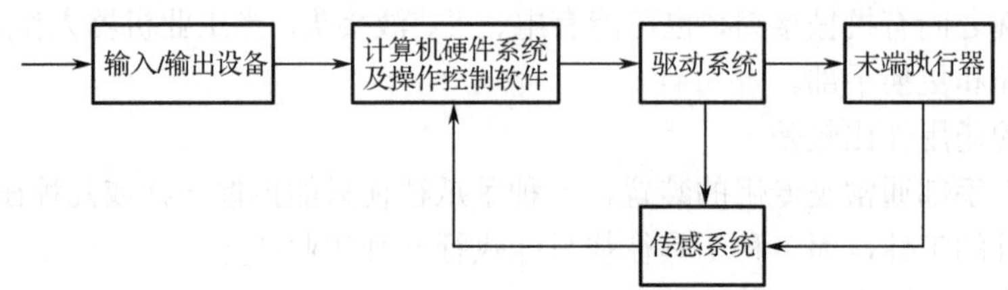

图 1-9　工业机器人控制系统

将多个独立的关节电机伺服系统有机地协调起来，使其按照人的意志行动，甚至赋予机器人一定的智能，这个任务只能由计算机来完成。因此，机器人控制系统必须是一个计算机控制系统，而计算机软件担负着更艰巨的任务，即求解描述机器人状态和运动的非线性数学模型。

1.2　ABB 公司 IRB 系列机器人

1.2.1　ABB 机器人型号与含义

IRB 系列机器人是 ABB 公司生产的一款标准系列机器人，用于焊接、涂刷、搬运、切割等工业应用场合，常用的型号有 IRB 120、IRB 1400、IRB 2400、IRB 4400、IRB 6400。

IRB 系列机器人型号的含义如下：除去右边“0”或“00”之后，左边第一位数指机器人的大小；左边第二位数指机器人所属系统。

IRB 120 仅重 25kg，最大承载为 3kg，常用于搬运、雕刻、喷涂等。

IRB 1400 承载较小，最大承载为 5kg，常用于焊接。

IRB 2400 承载较小，最大承载为 7kg，常用于焊接。

IRB 4400 承载较大，最大承载为 60kg，常用于搬运或大范围焊接。

IRB 6400 承载较大，最大承载为 200kg，常用于搬运或大范围焊接。

1.2.2　ABB 机器人基本组成

ABB 机器人由两部分组成：机械手和控制器，且无论是何种型号，机器人控制部分基本相同，如图 1-10 所示。操作人员通过控制器上的示教器来操作工业机器人的机械手。

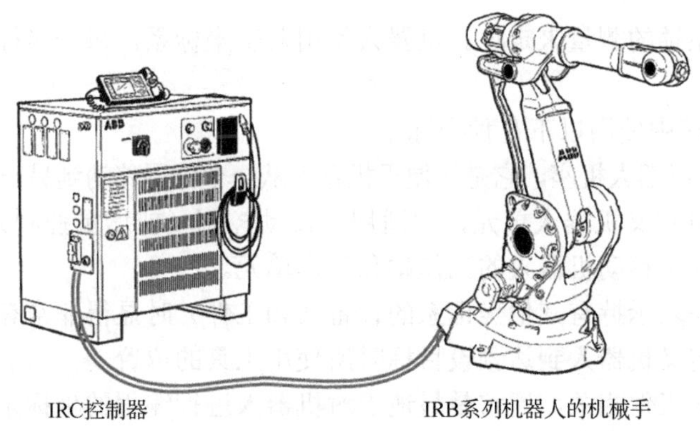

图 1-10 ABB 机器人的基本组成

机械手是由 6 个转轴组成的空间 6 杆开链机构，理论上可以达到运动范围内的任意一点，表 1-2 列举了各轴的转动范围，每个转轴均带有一个齿轮箱，机械手的运动精度可达（±0.05～±0.2）mm。

表 1-2 各轴的转动范围

第 *i* 轴	1	2	3	4	5	6
角度范围	−180°～180°	−100°～110°	−65°～60°	−200°～200°	−120°～120°	−400°～400°

IRB 系列机器人的 6 个转轴均由 AC 伺服电机驱动，其控制器如图 1-11 所示。该控制器包括主计算机板、机器人计算机板、快速硬盘、网络通信计算机、示教器、驱动单元、通信单元等部分。

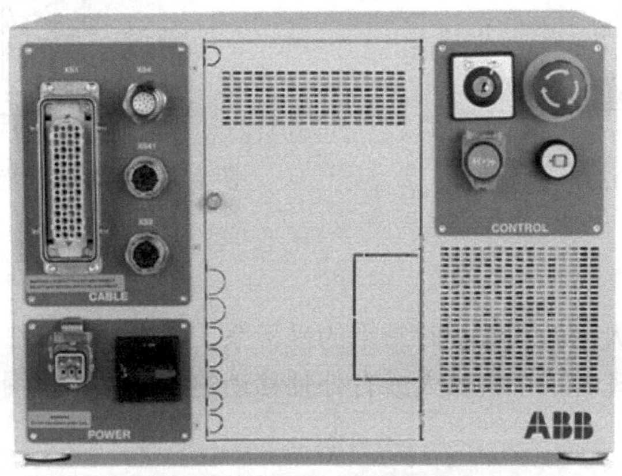

图 1-11 ABB 机器人的控制器

1.2.3 ABB 机器人系统的坐标系

ABB 机器人系统的坐标系

1. 坐标设定

坐标系从一个固定点通过轴定义平面或空间，这个固定点称为坐标原点。机器人的目标和位置通过沿坐标系轴的测量来定位。机器人使用若干坐标系，每一坐标系都适用于特定目的的控制或编程。

ABB 机器人系统中使用以下几种坐标系。

基坐标系：位于机器人机座，它是最便于机器人从一个位置移动到另一个位置的坐标系。

大地坐标系：可定义机器人单元，它适用于微动控制（或增量控制）、一般移动及处理具有若干机器人或外轴移动机器人的工作站和工作单元。

用户坐标系：在表示持有其他坐标系的设备（如工件）时显得非常有用。

工具坐标系：定义机器人到达预设目标时所使用工具的位置。

工件坐标系：与工件相关，通常是最适于对机器人进行编程的坐标系。

2. 基坐标系

基坐标系的原点定义在机器人安装面与第一转动轴的交点处，X 轴向前，Z 轴向上，Y 轴按右手法则确定，如图 1-12 所示。

假设操作者在 X 轴方向面对机器人手动操纵，当把操纵杆拉向自己时，机器人沿 X 轴方向移动；当向两侧移动操纵杆时，机器人沿 Y 轴方向移动；当旋转操纵杆时，机器人沿 Z 轴方向移动，如图 1-13 所示。

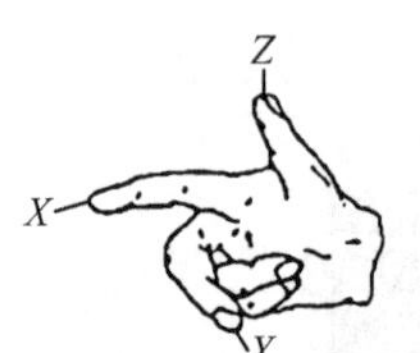

图 1-12　右手法则

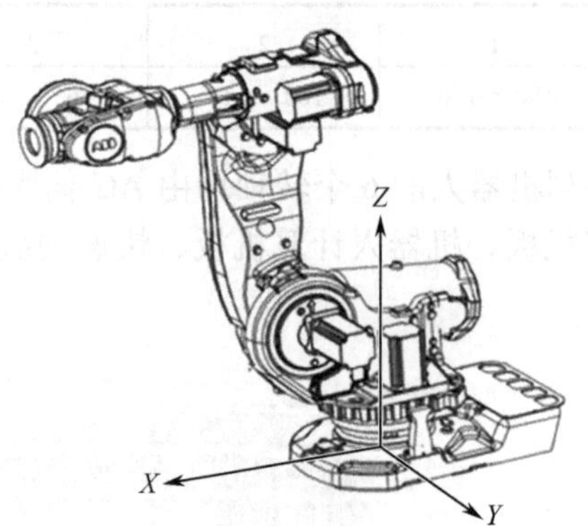

图 1-13　机器人基坐标系

3. 大地坐标系

大地坐标系是机器人示教和编程时常用的坐标系，其坐标原点在工作单元或工作站中有固定位置，这有助于处理若干个机器人或有外轴移动的机器人，如图 1-14 所示。

4. 工具坐标系

工具坐标系的工具中心点（Tool Center Point，简称 TCP）为坐标原点，由此定义工具的位置和方向。在执行程序时，机器人将 TCP 移至编程位置。如果改变了工具，机器人的移动也将随之改变。在进行相对工件不改变工具姿态的平移操作时，选用该坐标系最适宜。工具不同，TCP 也不同，如图 1-15 所示。

5. 工件坐标系

工件坐标系用于定义工件相对于大地坐标系的位置。机器人可以拥有若干工件坐标系，或者表示不同工件，或者表示同一工件在不同位置的若干副本。对机器人进行编程就是在工件坐标系中创建目标和路径。这样，在重新定位工作站中的工件时，只需更改工件坐标系的位置，所有路径将随之更新，如图 1-16 所示。

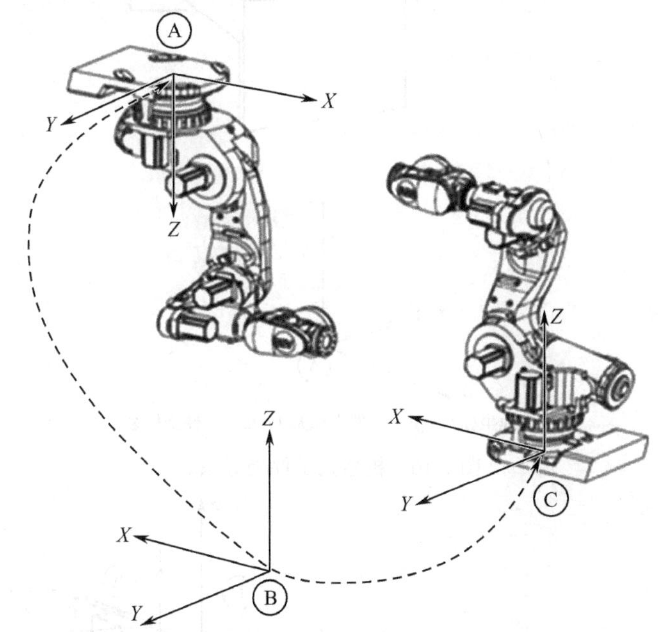

A—机器人 1 基坐标系；B—大地坐标系；C—机器人 2 基坐标系

图 1-14　机器人大地坐标系

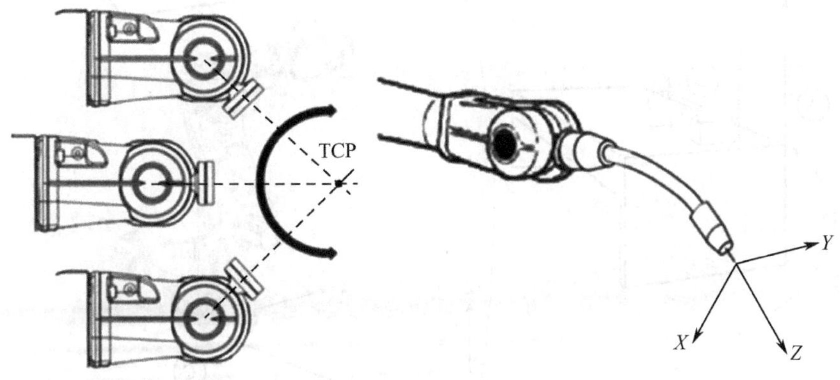

图 1-15　工具坐标系与 TCP

6．用户坐标系

用户坐标系可用于表示固定装置、工作台等设备。当机器人配备多个工作台时，使用用户坐标系可使操作更为简单，如图 1-17 所示。

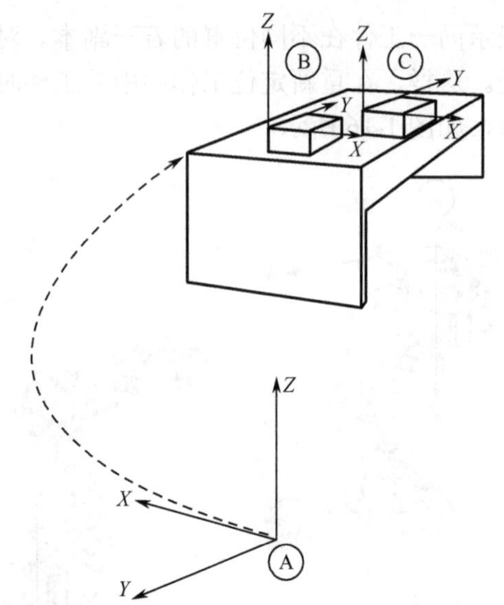

A—大地坐标系；B—工件坐标系 1；C—工件坐标系 2

图 1-16　机器人工件坐标系

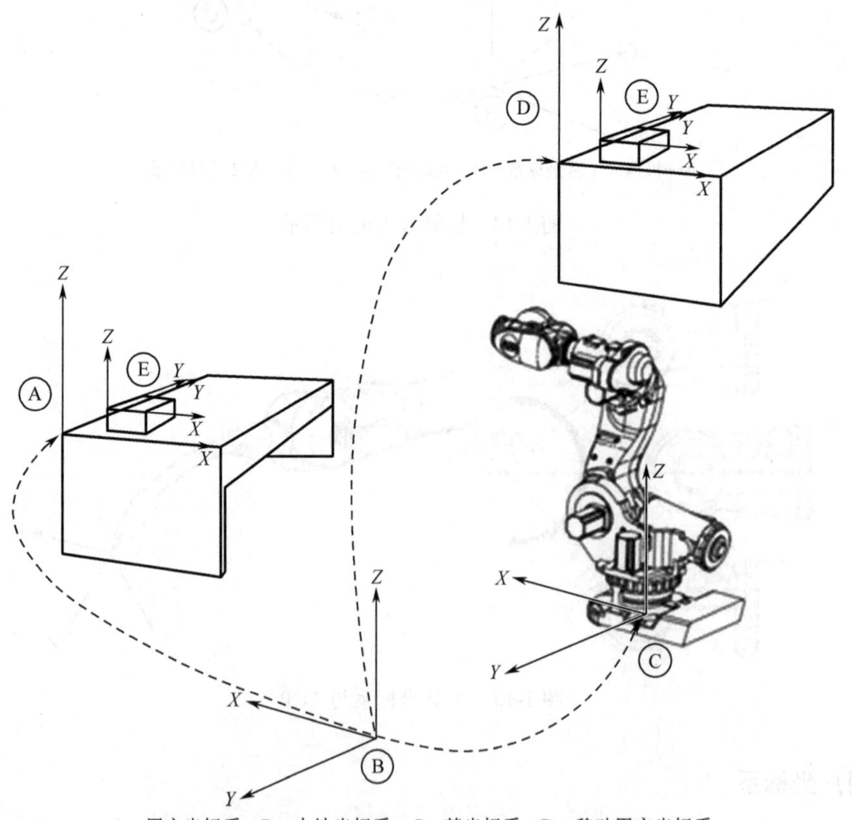

A—用户坐标系；B—大地坐标系；C—基坐标系；D—移动用户坐标系；

E—工件坐标系（与用户坐标系一同移动）

图 1-17　机器人用户坐标系

【思考与练习】

1．选择题

（1）工业机器人的种类很多，其功能、特征、驱动方式及应用场合等不尽相同。在以下工业机器人中，不是按照结构特征划分的是（　　）。

A．直角坐标机器人　　B．关节型机器人

C．AGV 移动机器人　　D．连续轨迹控制机器人

（2）以下不是伺服控制机器人的组成部分的是（　　）。

A．液压系统　　B．比较器　　C．放大器　　D．驱动装置

（3）越来越多的机器人采用（　　）驱动方式。

A．液压驱动　　B．气压驱动　　C．电力驱动　　D．新型驱动

（4）精度常以重复测试结果的标准偏差值的（　　）倍来表示，它用于衡量一系列误差值的密集度。

A．1　　B．2　　C．3　　D．4

（5）以下不是机器人机构中经常使用的关节类型的是（　　）。

A．移动关节　　B．转动关节　　C．球面关节　　D．圆柱关节

（6）ABB IRB 系列机器人第 3 轴的角度范围为（　　）。

A．$-180^\circ \sim 180^\circ$　　B．$-100^\circ \sim 110^\circ$

C．$-65^\circ \sim 60^\circ$　　D．$-200^\circ \sim 200^\circ$

（7）适用于外轴移动机器人的工作站和工作单元的坐标系是（　　）。

A．基坐标系　　B．工件坐标系

C．工具坐标系　　D．大地坐标系

2．某工业机器人如图 1-18 所示，请阐述其关节数量、关节的结构运动。如果是 ABB 的 IRB 系列机器人，请列表阐述其关节的角度范围，并绘制出 3 种相关的末端执行器。

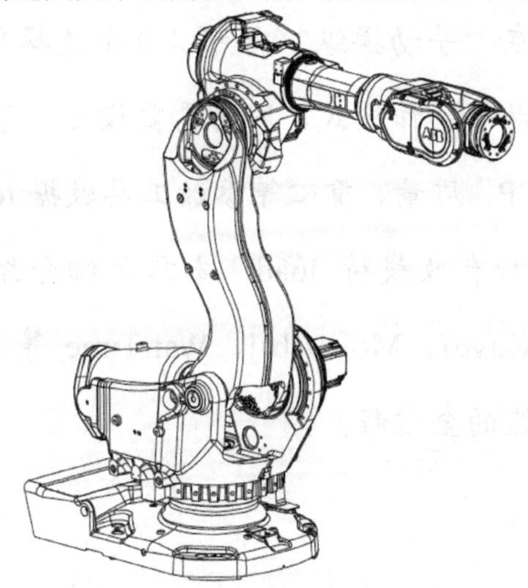

图 1-18　题 2 图

工业机器人基本操作

导读

工业机器人的所有操作基本上都可以通过示教器来完成，如点动机器人，编写、调试和运行机器人程序，设置、查询机器人状态等。在“手动操纵”中可以自由选择单轴运动、线性运动和重定位运动等动作模式，同时需要设定安装在机器人第 6 轴上的工具的 TCP、质量、重心等参数工具数据 tooldata，以及工件坐标 wobjdata 和有效载荷 load。本章详细介绍了在编程模式下使用 MoveL、MoveJ、MoveAbsj、WaitTime 等常用运动指令来实现工件搬运功能的全过程。

知识图谱

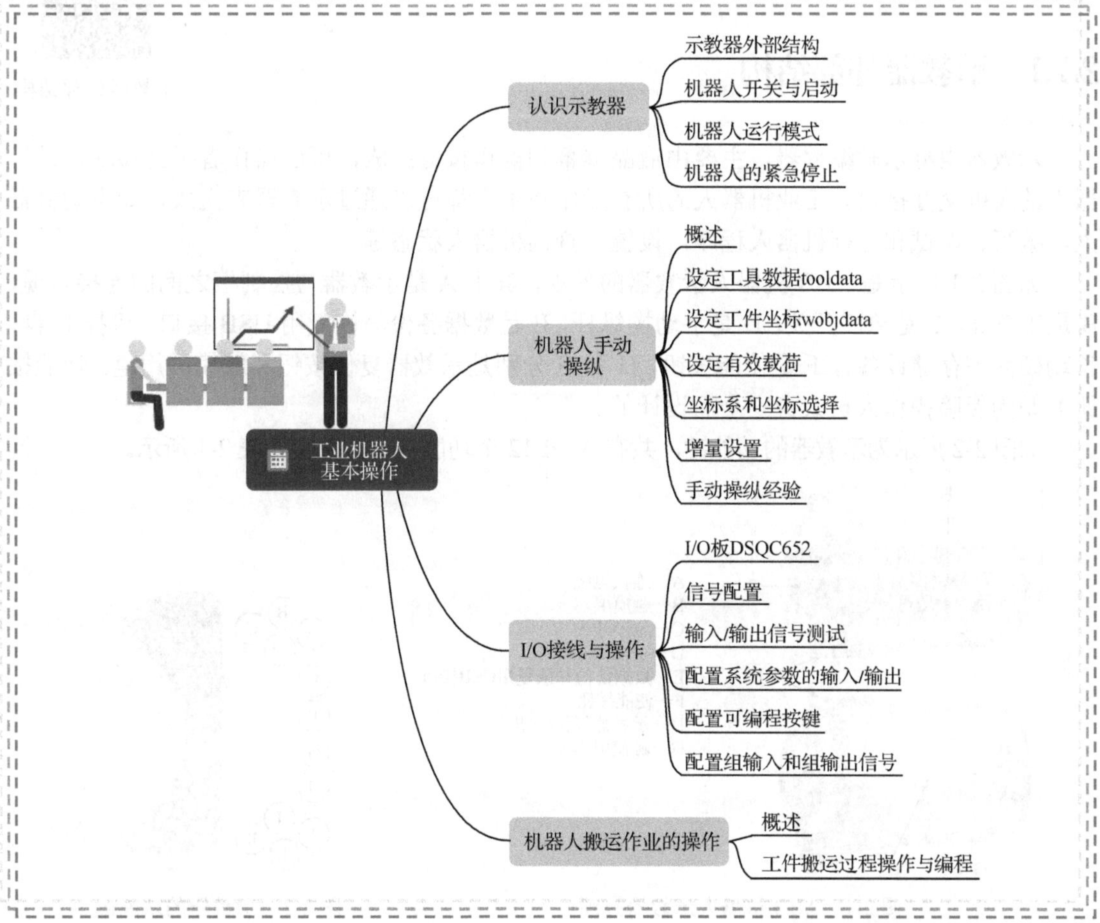

- 工业机器人基本操作
  - 认识示教器
    - 示教器外部结构
    - 机器人开关与启动
    - 机器人运行模式
    - 机器人的紧急停止
  - 机器人手动操纵
    - 概述
    - 设定工具数据tooldata
    - 设定工件坐标wobjdata
    - 设定有效载荷
    - 坐标系和坐标选择
    - 增量设置
    - 手动操纵经验
  - I/O接线与操作
    - I/O板DSQC652
    - 信号配置
    - 输入/输出信号测试
    - 配置系统参数的输入/输出
    - 配置可编程按键
    - 配置组输入和组输出信号
  - 机器人搬运作业的操作
    - 概述
    - 工件搬运过程操作与编程

2.1 认识示教器

2.1.1 示教器外部结构

示教器外部结构

示教器也称示教编程器，主要由液晶屏幕和操作按键组成，可由操作者手持移动，是机器人的人机交互接口。工业机器人的所有操作基本上都可以通过示教器来完成，如点动机器人，编写、调试和运行机器人程序，设置、查询机器人状态等。

如图 2-1 所示是 ABB 机器人示教器的外观，其中 A 是示教器与控制柜之间的连接电缆，B 是触摸屏，C 是急停开关，D 是手动操纵杆，E 是数据备份与恢复用 USB 接口（可插 U 盘、移动硬盘等存储设备），F 是使能按钮，H 和 G 分别是示教器复位按钮和触摸屏用笔。使能按钮 F 是为保障操作人员人身安全而设计的。

如图 2-2 所示为示教器的功能键，共有 A～L12 个功能键，其含义如表 2-1 所示。

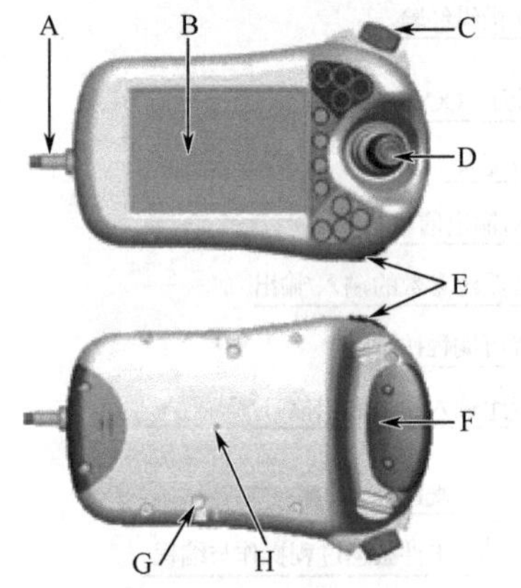

A—连接电缆
B—触摸屏
C—急停开关
D—手动操纵杆
E—数据备份与恢复用USB接口
F—使能按钮
H—示教器复位按钮
G—触摸屏用笔

图 2-1 ABB 机器人示教器外观

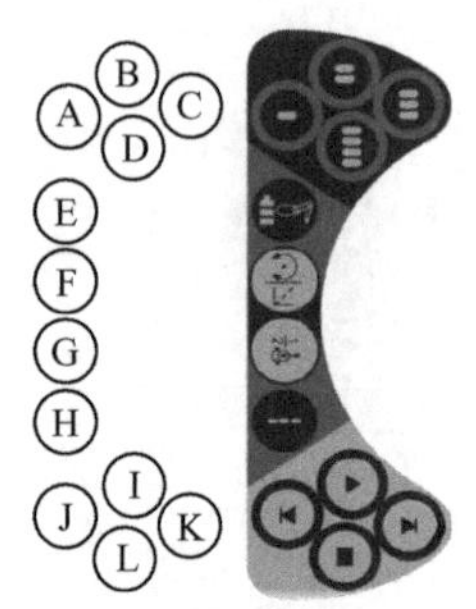

图 2-2 示教器的功能键

表 2-1 示教器功能键标号及其含义

标号	含义
A，B，C，D	预设按钮，用于切换信号状态
E	切换机械单元
F	切换动作模式至线性运动或重定位运动
G	切换动作模式至单轴运动
H	切换增量模式（有/无）
I	启动程序持续运行
J	启动程序步退运行
K	启动程序步进运行
L	停止程序运行

2.1.2 机器人开关与启动

机器人开关与启动

机器人系统的电源总开关、急停按钮、通电/复位按钮、机器人状态开关都位于控制柜上，如图 2-3 所示，按下电源总开关即可开机，并将机器人运行模式设置为手动模式，即 或 。

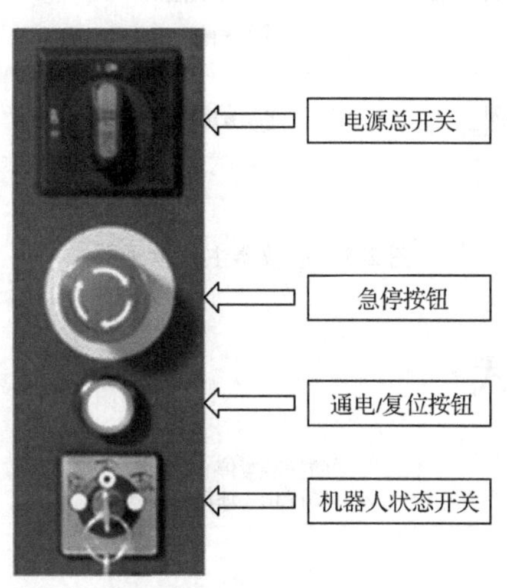

图 2-3 机器人开关与启动

开机后，示教器主屏幕画面如图 2-4 所示。

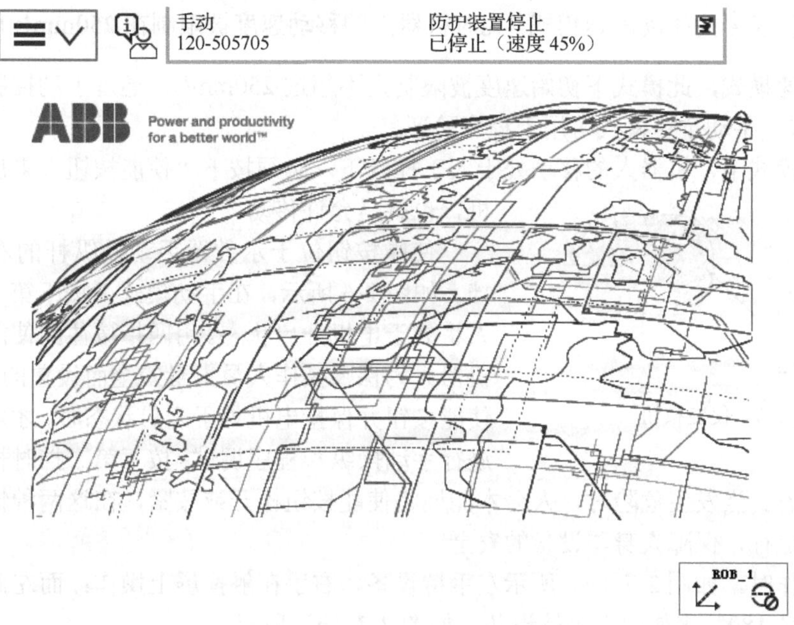

图 2-4 开机后的示教器主屏幕画面

单击主屏幕左上角的 ，进入主菜单画面，如图 2-5 所示。

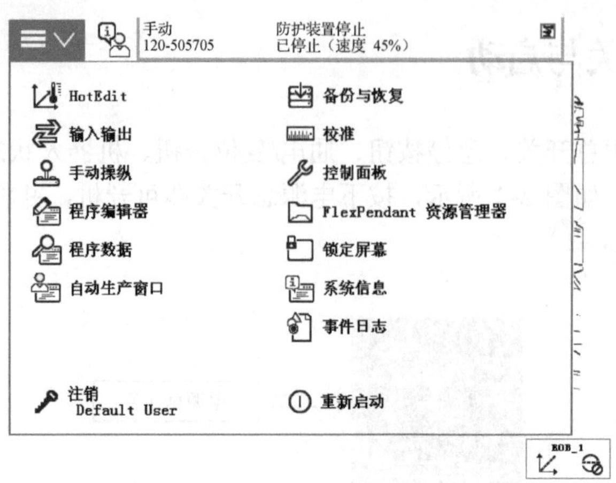

图 2-5　示教器主菜单画面

机器人运行模式

2.1.3　机器人运行模式

示教器上的 手动 120-505705　防护装置停止 已停止（速度 45%） 显示的“手动”为当前的机器人运行模式。

1．手动模式

某些型号的 ABB 机器人有手动减速和手动全速两种手动模式，用于编程和程序验证。

其中符号为手动减速模式，此时机器人的移动速度被限制在 250mm/s 以下。100%符号为手动全速模式，此模式下初始速度被限制为不超过 250mm/s，通过手动控制，速度可以增加到 100%。手动全速模式可用于程序验证。

在手动模式下，机器人的移动处于人工控制下。必须按下“使能按钮”来启动机器人电机，也就是允许移动。

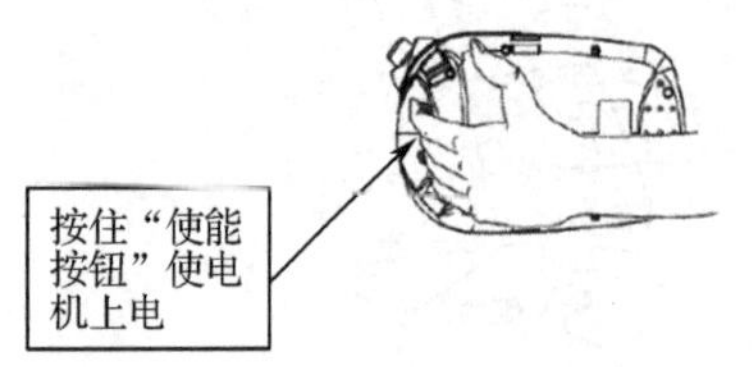

图 2-6　使能按钮

使能按钮位于示教器手动操纵杆的右侧，分为两挡。如图 2-6 所示，在手动模式下按下第一挡后，机器人将处于电机开启状态。用四指按住的使能按钮是工业机器人为保障操作人员人身安全而设置的。只有在按下使能按钮并保持电机处于开启状态时，才可以对机器人进行手动操纵和程序调试；按下第二挡时机器人会处于防护停止状态。当发生危险时，人会本能地将使能按钮松开或按紧，在这两种情况下机器人会立刻停止运行，保障人身与设备的安全。

正常操作时，如图 2-7（a）所示左手持设备，右手在触摸屏上操作；而左撇子则可以通过将设备旋转 180°来使用右手持设备，如图 2-7（b）所示。

IRB 120 所配的 IRC5 控制器只有自动和手动两种模式，如图 2-8 所示。

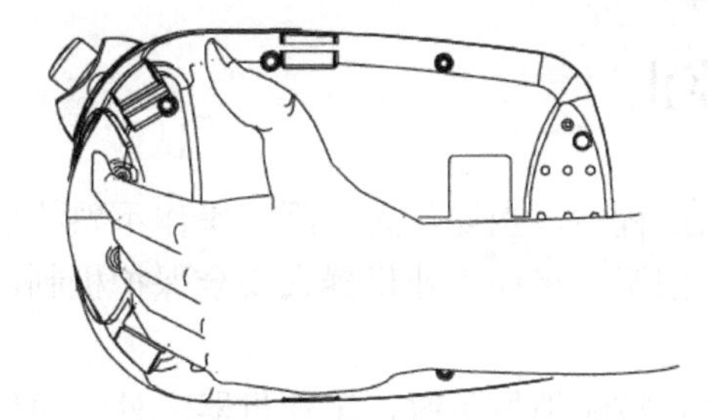

（a）正常操作时左手持示教器

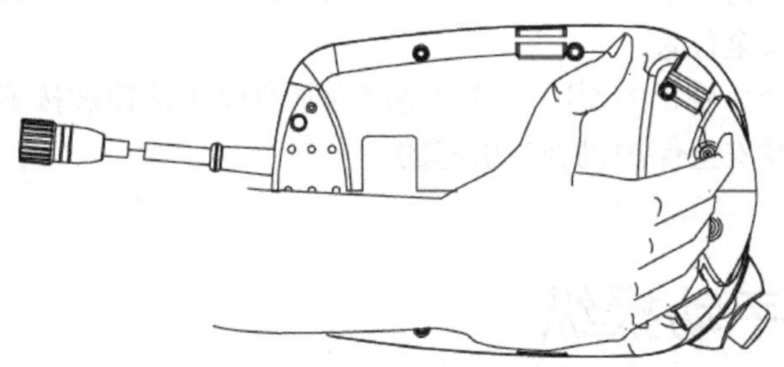

（b）左撇子操作时右手持示教器

图 2-7　示教器手持方法

2. 自动模式

图 2-8　IRC5 控制器

符号◎表示自动模式，在该模式下示教器的安全功能会被停用，以便使机器人在没有人工干预的情况下移动。同时，该模式使用控制器上的 I/O 信号等来实现对机器人的控制，即用输入信号开启或停止 RAPID 程序。

当机器人控制器从手动模式切换到自动模式时，示教器屏幕会出现如图 2-9 所示的警告信息。

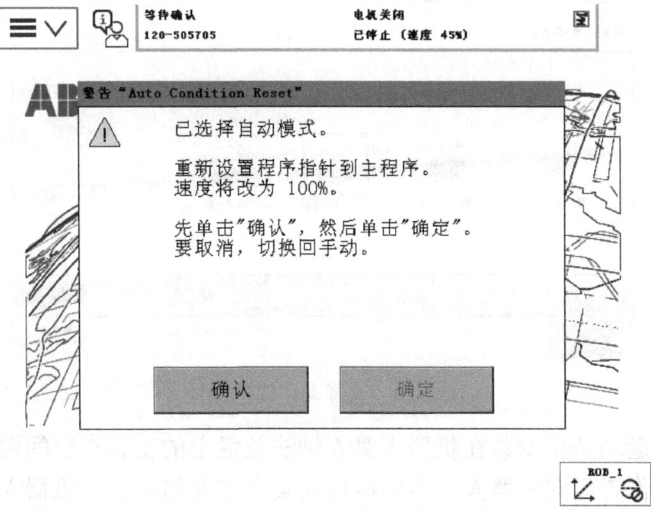

图 2-9　从手动模式切换到自动模式

2.1.4 机器人的紧急停止

在工业机器人的手动操纵过程中，当操作人员因为操作不熟练引起碰撞或者发生其他突发状况时，可以按下紧急停止按钮，启动工业机器人安全保护机制，紧急停止工业机器人的动作。

需要注意的是，当紧急停止按钮被按下时，工业机器人处于急停状态，无法执行动作。在操纵工业机器人动作前，须将紧急停止按钮复位，方可进行工业机器人的手动操纵，进而将工业机器人移动到安全位置。

工业机器人发生紧急停止的原因，可能是因为紧急停止按钮被按下，也可能是由突发状况（如物理碰撞、触发安全保护机制）引起的。

2.2 机器人手动操纵

机器人手动操纵

2.2.1 概述

在示教器的主菜单中选择“手动操纵”中的“动作模式”，会出现如图 2-10 所示的选择动作模式画面，也可以按如图 2-11 所示选择快捷方式。

通常情况下，机器人由 6 个伺服电机分别驱动如图 2-12 所示的机器人的 6 个关节轴，每次手动操纵一个关节轴运动，称为单轴运动。

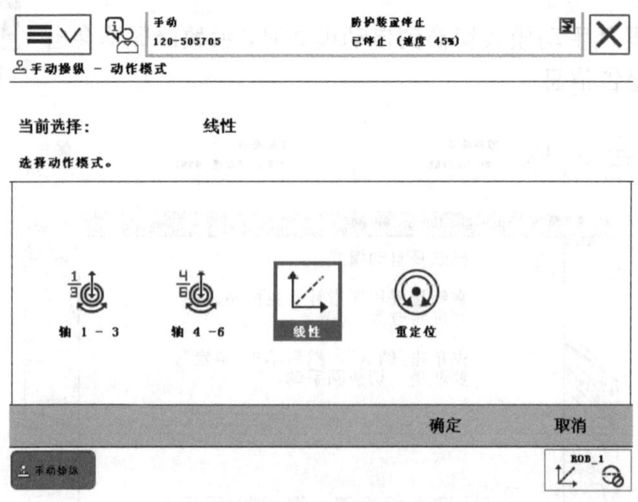

图 2-10 选择动作模式画面

机器人的线性运动是指安装在机器人第 6 轴法兰盘上的工具在空间做直线运动。机器人做线性运动时，操作者面向机器人，当操纵杆向某个方向移动时，机器人也向相应的方向运动。具体来说，操纵杆向左移动时，机器人向左运动；操纵杆向右移动时，机器人向右运动；

操纵杆向靠近操作者的方向移动（向前）时，机器人向靠近操作者的方向运动；操纵杆向远离操作者的方向移动（向后）时，机器人也向远离操作者的方向运动。此时，旋转旋钮可控制机器人上下运动。

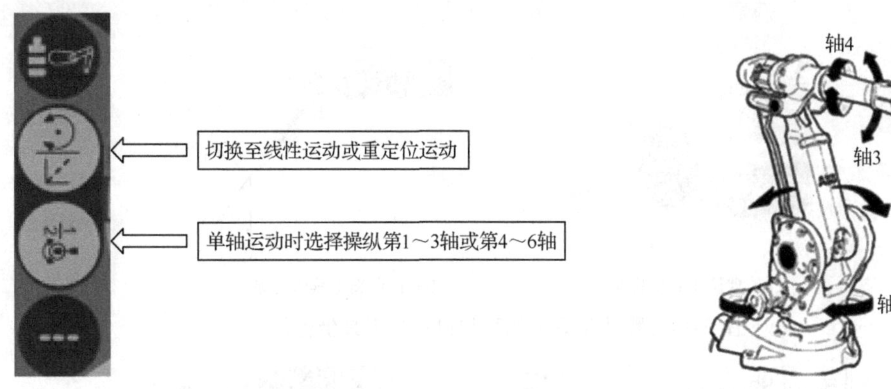

图 2-11　选择快捷方式（示教器）　　图 2-12　机器人的关节轴

机器人的重定位运动是指机器人第 6 轴法兰盘上的工具坐标原点在空间绕坐标轴旋转的运动，也可以理解为机器人绕工具坐标原点做姿态调整的运动。

2.2.2　设定工具数据 tooldata

设定工具数据 tooldata

1．工具坐标设定原理

工具数据 tooldata 用于描述安装在机器人第 6 轴法兰盘上的工具的 TCP、质量、重心等参数。不同的任务使用不同的工具，都需要配置 tooldata，如弧焊机器人使用弧焊枪作为工具、搬运机器人使用吸盘式夹具作为工具等。默认工具（tool0）的工具中心点位于机器人安装法兰的中心，A 点就是原始的 TCP，如图 2-13 所示。

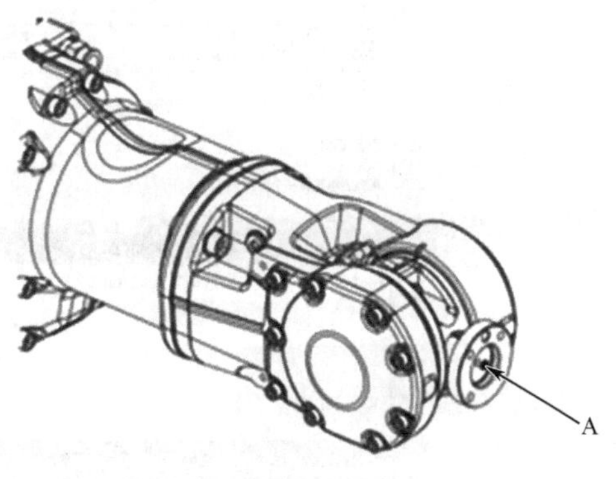

图 2-13　原始的 TCP（A 点）

为机器人所装工具建立工具坐标系后，可以将机器人的控制点转移到工具末端，从而方便手动操纵和编程调试，如图 2-14 所示为默认工具坐标系与自定义工具坐标系。

TCP 的标定通常采用多点标定法。通过几个标定点位置重合，从而计算出 TCP，常用的有四点法（即 TCP）、五点法（即 TCP 和 Z）、六点法（即 TCP 和 X、Z）。

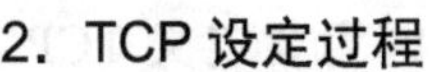

2．TCP 设定过程

TCP 的设定过程如下所述。

（1）在如图 2-15 所示的手动操纵画面，单击“工具坐标”，进入如图 2-16 所示的工具画面，可以看到目前在用的工具，如图中的 tGripper 和 tool0。如果要新建工具坐标，则单击左下角的“新建”按钮，此时将出现如图 2-17 所示的新数据声明画面。

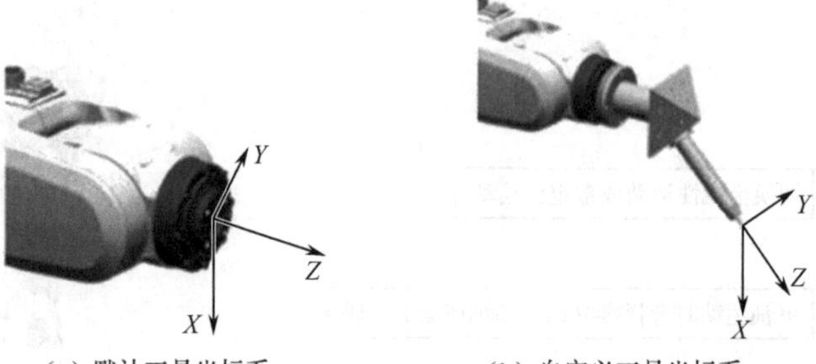

（a）默认工具坐标系　　（b）自定义工具坐标系

图 2-14　默认工具坐标系与自定义工具坐标系

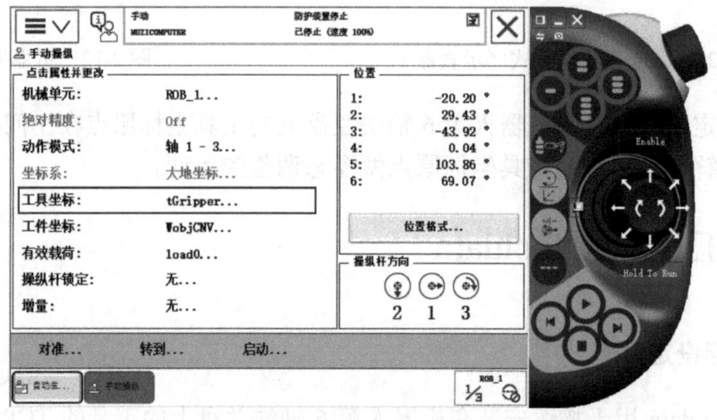

图 2-15　单击“工具坐标”

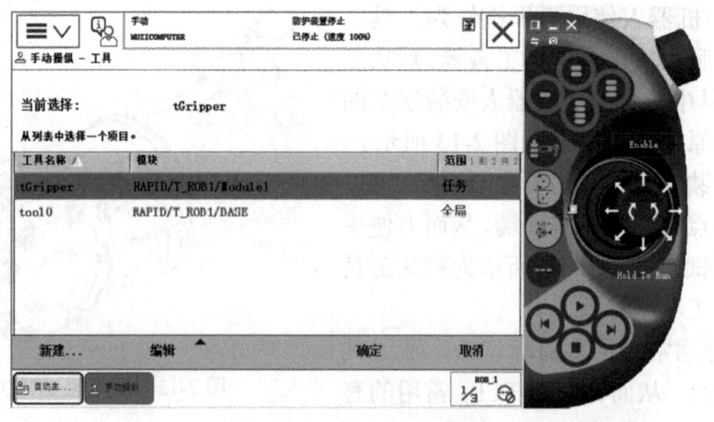

图 2-16　工具画面

（2）在新数据声明画面中，对名称、范围、存储类型、任务、模块等进行修改后，单击“确定”按钮，会出现如图 2-18 所示的新建后的工具 tool1。因为要定义 TCP 等相关数据，所以按图 2-19 所示单击“编辑”→“定义”，进入如图 2-20 所示的工具坐标定义画面。

图 2-17　新数据声明画面

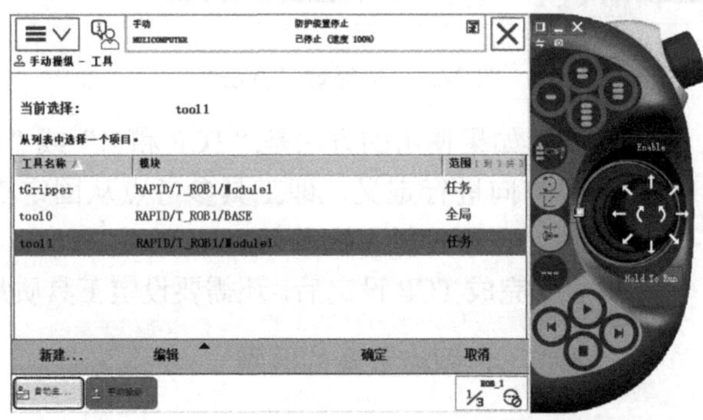

图 2-18　新建后的工具 tool1

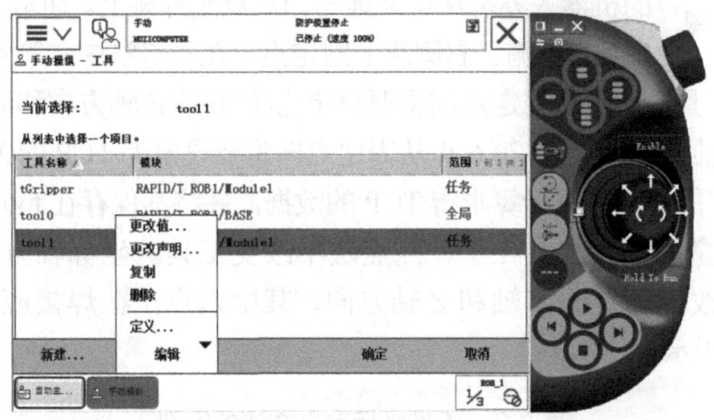

图 2-19　编辑按钮

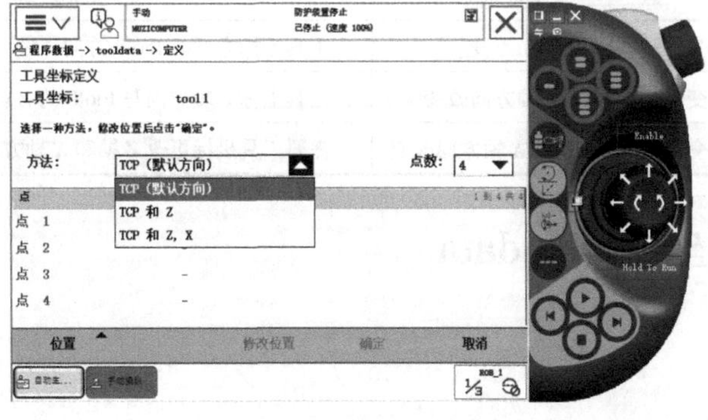

图 2-20　工具坐标定义画面

（3）在进行工具坐标定义时，共有 3 种定义方法可供选择，其中 TCP 的四点法参照图 2-21 右边的示意进行。先用小幅增量移动，尽量使工具顶点的位置接近参照点。如图 2-22 所示，将机器人移至合适的位置 A，取得第一个接近点，单击“修改位置”按钮，定义该点；重复上述步骤，定义其他的接近点，得到位置 B、C、D。这 4 种不同的姿态使工具上的参考点尽可能接近固定点，各个点的姿态差异越大，机器人计算出的 TCP 值就越准确。

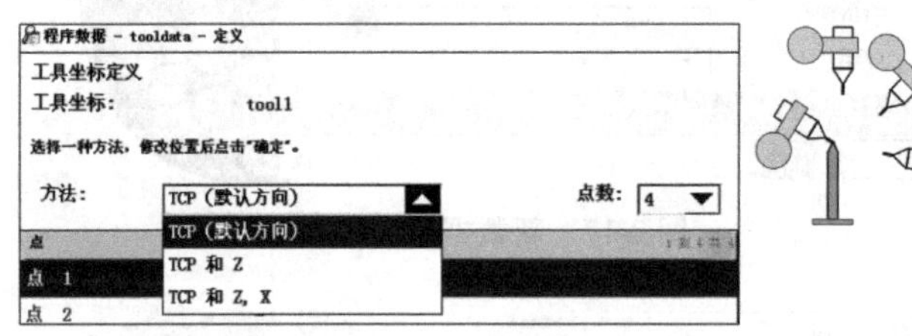

图 2-21　选择定义方法

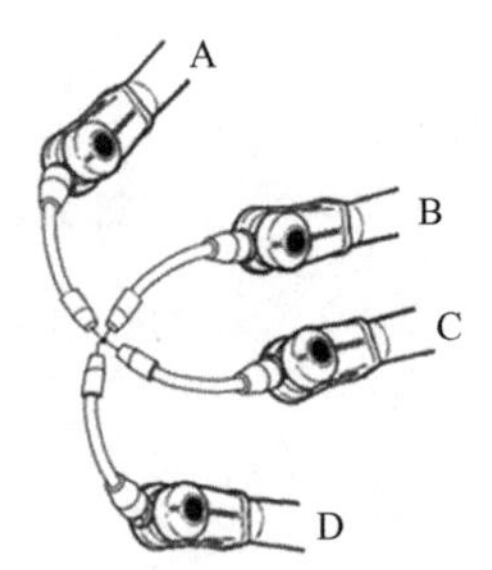

图 2-22　TCP 四点法示意图

（4）如果使用的方法是“TCP 和 Z”或“TCP 和 Z、X”，则还必须对方向进行定义，即工具参考点从固定点向将要设定为 TCP 的 *Z* 轴方向和 *X* 轴方向移动。

（5）完成 TCP 设定后，还需要设定工具质量和工具的重心位置。

3．TCP 取点数量的区别

四点法、五点法、六点法都是先移动工具上的参考点，以 4 种不同的机器人姿态尽可能地与固定点刚好碰上。通常，第 2 点和第 3 点从第 1 点的左侧、右侧靠上固定点。在五点法中，第 4 点是以垂直方式靠上固定点的，第 5 点让工具参考点从固定点向将要设定为 TCP 的 *Z* 轴方向移动；在六点法中，在五点法基础上，参考点先回到固定点，第 6 点从固定点向将要设定为 TCP 的 *X* 轴方向移动。最后，机器人通过这些位置点的位置数据计算求得 TCP 的数据，并将其保存在 tooldata 中被程序调用。

3 种 TCP 取点数量的不同之处在于，四点法不改变工具的坐标轴方向，五点法改变工具的 *Z* 轴方向，六点法改变工具的 *X* 轴和 *Z* 轴方向，其中六点法在焊接应用上最为常用。三者之间的区别如表 2-2 所示。

表 2-2　工具坐标定义方法的区别

工具坐标定义方法	原　点	坐标轴方向	主 要 场 合
TCP	变化	不变	工具坐标方向与 tool0 方向一致
TCP 和 Z	变化	*Z* 轴方向改变	工具坐标 *Z* 轴方向与 tool0 的 *Z* 轴方向不一致时使用
TCP 和 Z、X	变化	*Z* 轴和 *X* 轴方向改变	需要工具坐标更改 *Z* 轴和 *X* 轴方向时使用

2.2.3　设定工件坐标 wobjdata

设定工件坐标 wobjdata

1．设定原理

工件坐标对应工件，它定义工件相对于大地坐标系的位置。机器人可以有若干工件坐标系，或者表示不同工件，或者表示同一工件在不同位置的若干副本。在工件平面上，只需要定义 3 个点，就可以建立一个工件坐标系，通常称之为“三点法”。其中，*X*1 点确定工件的坐标原点，*X*2 点确定 *X* 轴的正方向，*Y*1 点确定 *Y* 轴的正方向，如图 2-23 所示。

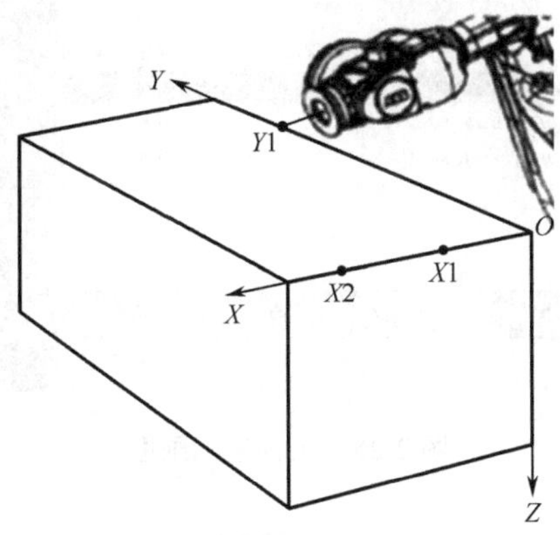

图 2-23　确定工件坐标系

采用三点法时，通常在工件表面或边缘角上进行设定，具体设定步骤如下所述。

（1）手动操纵机器人，在工件表面或边缘角的位置找到一点 *X*1，作为坐标系的原点。

（2）手动操纵机器人，沿着工件表面或边缘找到点 *X*2，由 *X*1、*X*2 确定工件坐标系的 *X* 轴的正方向，*X*1 和 *X*2 距离越远，定义的坐标系轴向越精准。

（3）手动操纵机器人，在 *XOY* 平面上并且 *Y* 值为正的方向上找到一点 *Y*1，确定坐标系的 *Y* 轴的正方向。

2. 设定过程

在如图 2-24 所示的手动操纵画面中单击“工件坐标”，进入工件坐标画面，如图 2-25 所示。单击“新建”按钮后出现新的工件坐标 wobj1，如图 2-26 所示。

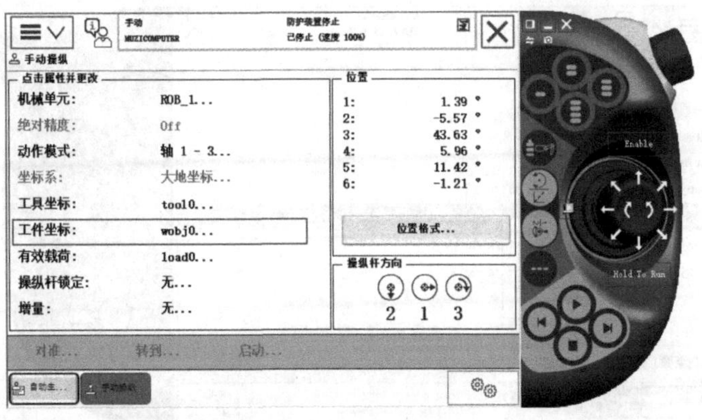

图 2-24　手动操纵画面

对于新的工件坐标 wobj1，可以修改其名称、范围、存储类型、任务、模块等参数，修改完成后单击“确定”按钮。在图 2-27 所示 wobj1 的编辑菜单中，选择“定义”，在用户方法中选择“3 点”，如图 2-28 所示。

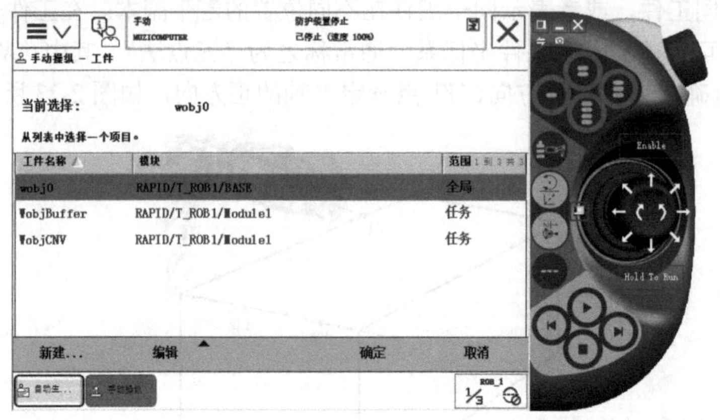

图 2-25　工件坐标画面

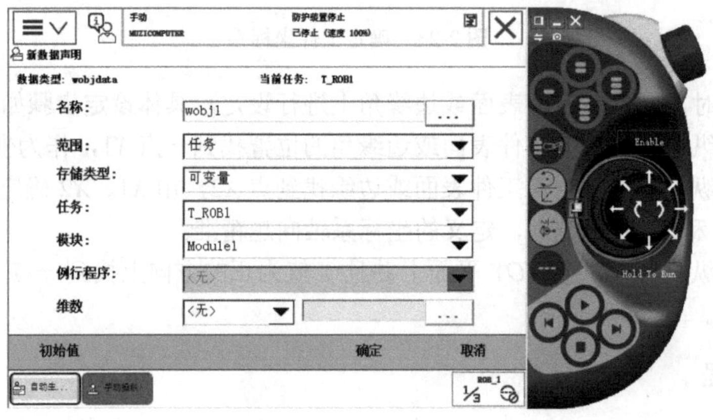

图 2-26　新的工件坐标 wobj1

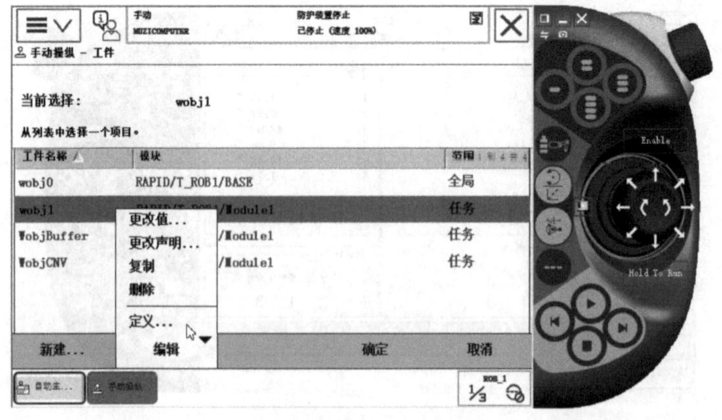

图 2-27　wobj1 的编辑菜单

如图 2-29 所示，分 3 次使用快捷方式操纵机器人以单轴运动或线性运动方式靠近 *X*1、*X*2、*Y*1 点并单击“修改位置”按钮，将各个点的位置记录下来，如图 2-30 所示。

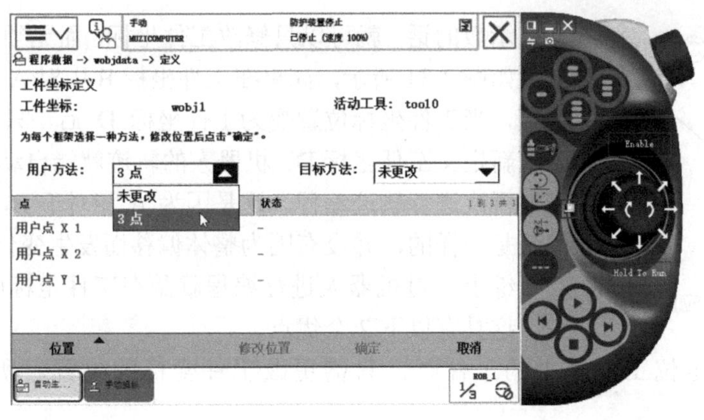

图 2-28　用户方法：3 点

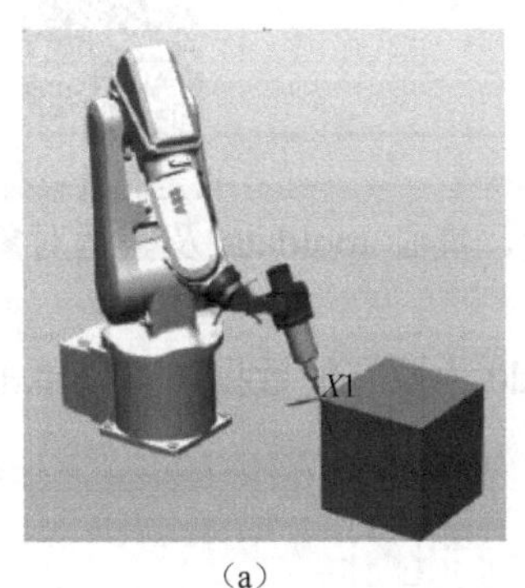

(a)

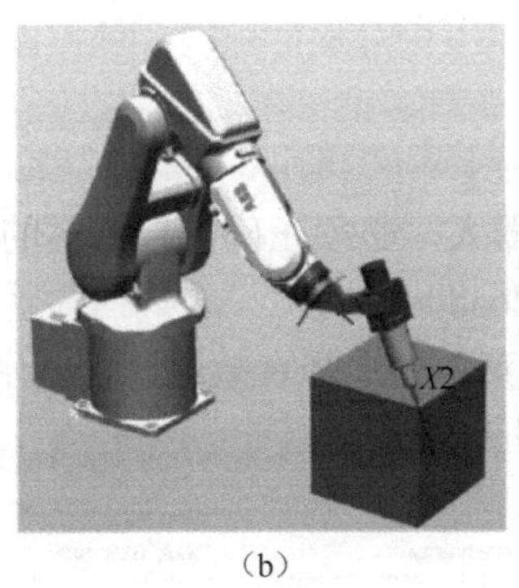

(b)

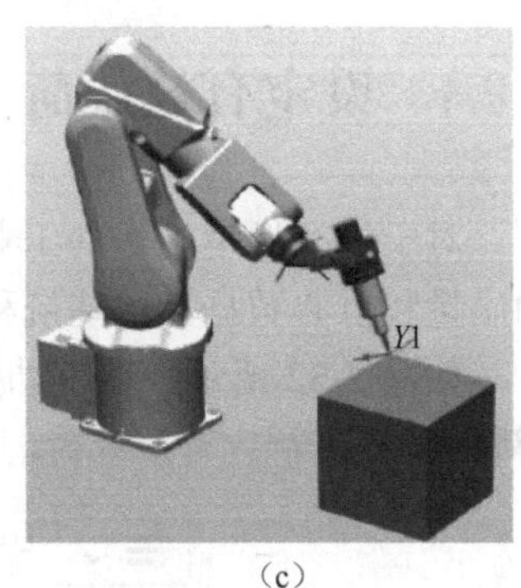

(c)

图 2-29　三点法确定工件坐标

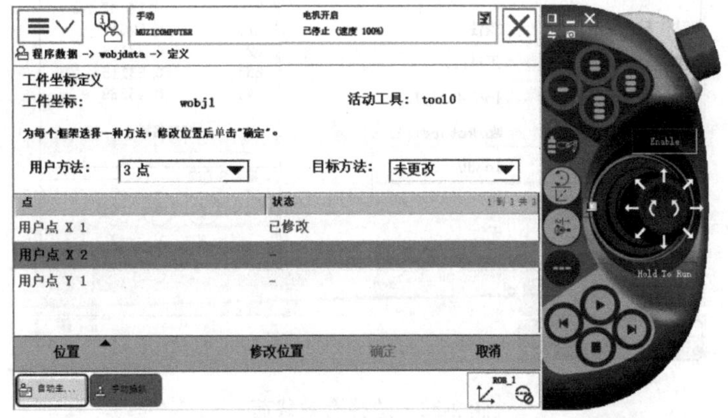

图 2-30　记录各个点的位置

3．设定工件坐标的优点

设定工件坐标是进行示教的前提，所有的示教点都必须在对应的工件坐标中建立。如果在 wobj0 上建立示教点，则机器人在搬动后必须重新示教所有的点。如果是在对应的工件坐

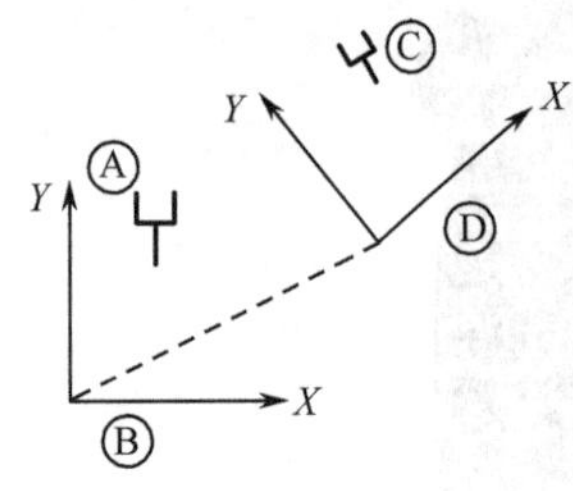

图 2-31　工件坐标应用示意

标上示教的话，就可以只修改工件坐标，而无须重新示教所有的点。如图 2-31 所示，如果在工件坐标 B 中对 A 对象进行了轨迹编程，当工件坐标位置变为工件坐标 D 后，只需在机器人系统中重新定义工件坐标 D，机器人的轨迹就能自动更新到 C，而不需要再次进行轨迹编程。这是因为 A 相对于 B、C 相对于 D 的关系是一样的，并没有因为整体偏移而发生变化。

综上，对机器人进行编程就是在工件坐标中创建目标和路径，这具有以下 2 个优点。

（1）当重新定位工作站中的工件时，只需更改工件坐标的位置，所有路径将随之更新。

（2）允许操作以外部轴或传送导轨移动的工件，因为整个工件可连同其路径一起移动。

2.2.4　设定有效载荷

设定有效载荷

对于进行搬运工作的工业机器人，必须正确设定夹具的质量、重心 tooldata 及搬运对象的质量和重心数据，这些统称为 loaddata。

如图 2-32 所示，在手动操纵菜单中选择有效载荷，其中 load0 为原有的数据，可以单击“新建”按钮新建有效载荷，如图 2-33 所示。

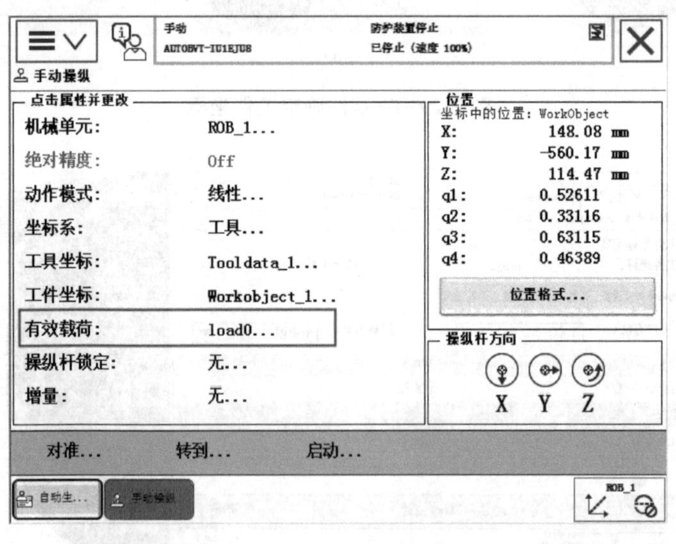

图 2-32　选择有效载荷

如图 2-34 所示是有效载荷 load1 的新数据声明，包括名称、范围、存储类型、任务、模块等信息。单击“确定”按钮后，会出现新的有效载荷 load1，如图 2-35 所示。

如图 2-36 所示，选择“编辑”→“更改值”命令，可以进入 load1 的参数编辑状态，在此可以对 mass 等数据进行修改，如图 2-37 所示。

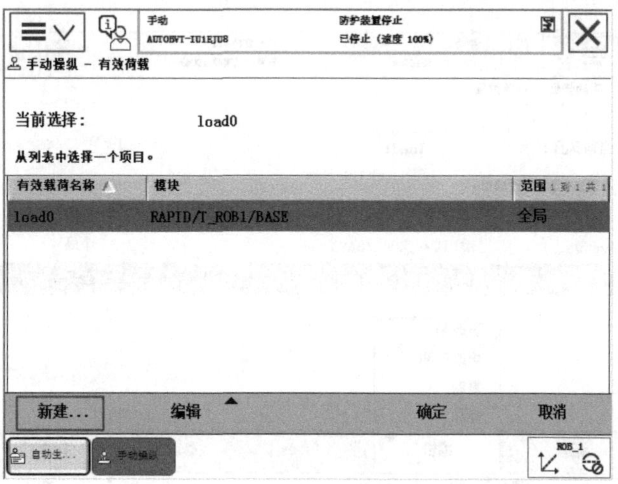

图 2-33　新建有效载荷

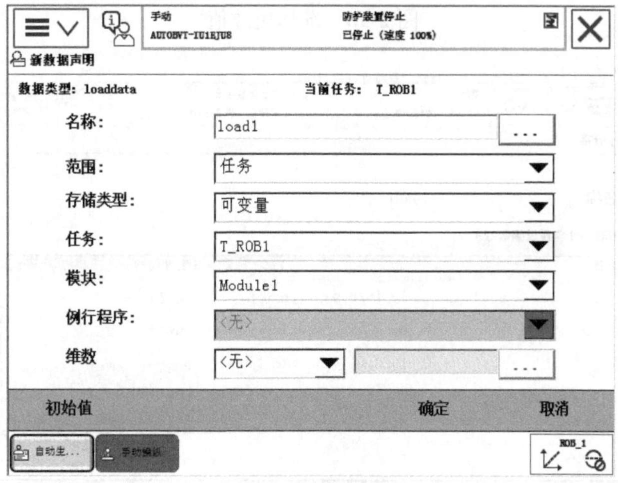

图 2-34　新数据声明

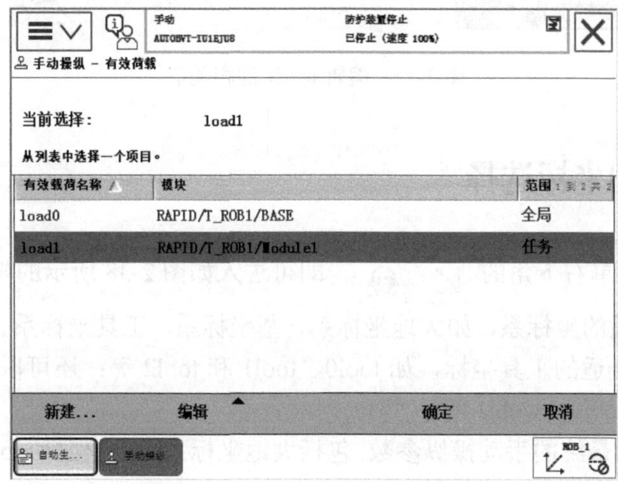

图 2-35　新建有效载荷 load1

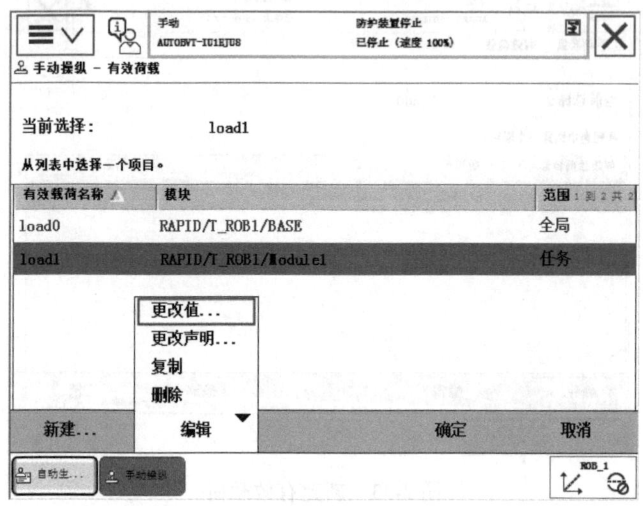

图 2-36　选择更改值

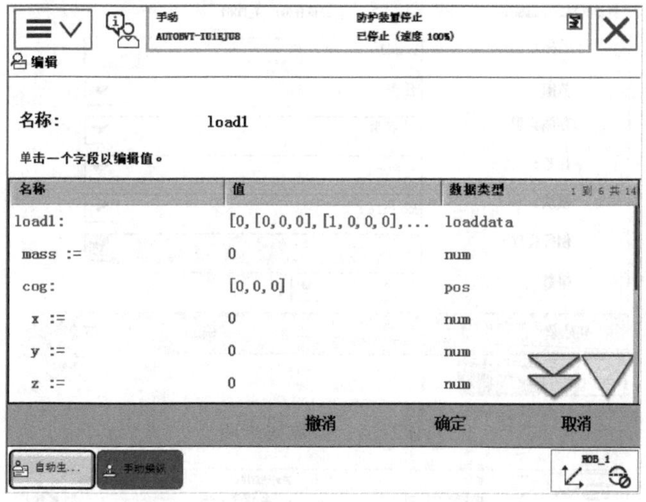

图 2-37　编辑 load1 的相关值

2.2.5　坐标系和坐标选择

坐标系和坐标选择

单击示教器主菜单右下角的 ，即可进入如图 2-38 所示的坐标设定画面。可以在图 2-39 中选择合适的坐标系，如大地坐标系、基坐标系、工具坐标系、工件坐标系；也可以在图 2-40 中选择合适的工具坐标，如 tool0、tool1 和 tool2 等；还可以在图 2-41 中选择合适的工件坐标，如 wobj0、wobj1 等。

如图 2-42 所示为最终的手动操纵参数，包括大地坐标系、工具坐标 tool0、工件坐标 wobj0、有效载荷 load0 等。

图 2-38　坐标设定画面

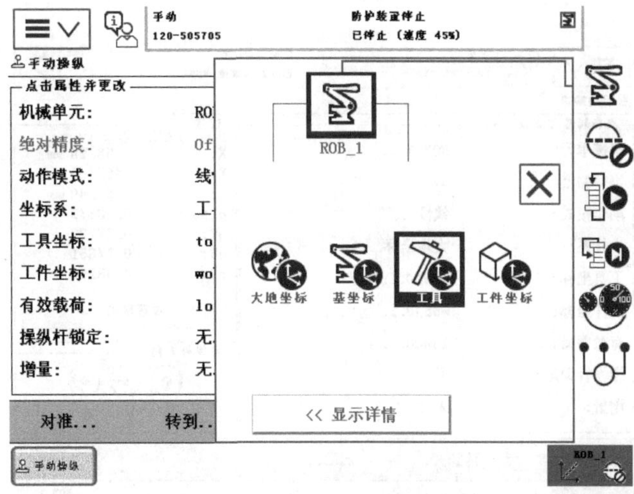

图 2-39　选择合适的坐标系

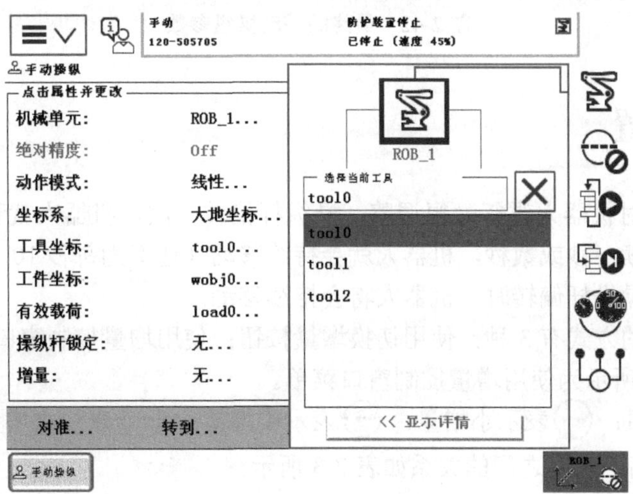

图 2-40　选择工具坐标

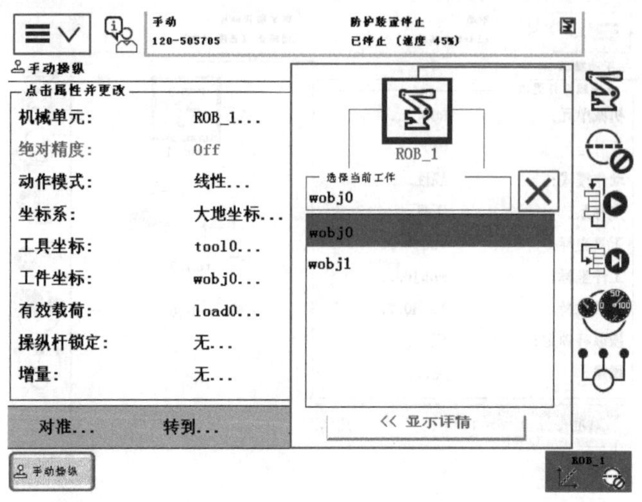

图 2-41　选择工件坐标

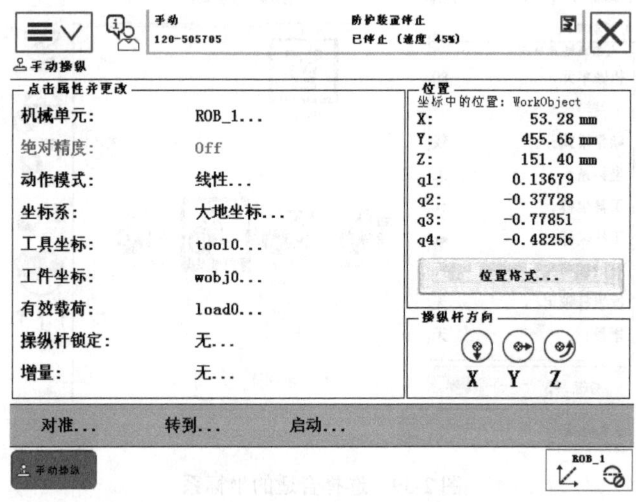

图 2-42　最终的手动操纵参数

2.2.6　增量设置

增量设置

增量移动可以对机器人进行微幅调整，操纵杆偏转一次，机器人就移动一步（增量）。如果操纵杆偏转持续一秒或数秒，机器人就会持续移动（速率为每秒 10 步）。默认模式不是增量移动，此时当操纵杆偏转时，机器人将会持续移动。

设置增量大小的方式有 3 种：使用切换增量按钮；使用增量控制窗口菜单；使用快速设置菜单。如图 2-43 所示为使用增量控制窗口菜单。

表示无增量；表示小增量；表示中增量；表示大增量。

3 种增量与距离、角度之间的关系如表 2-3 所示。

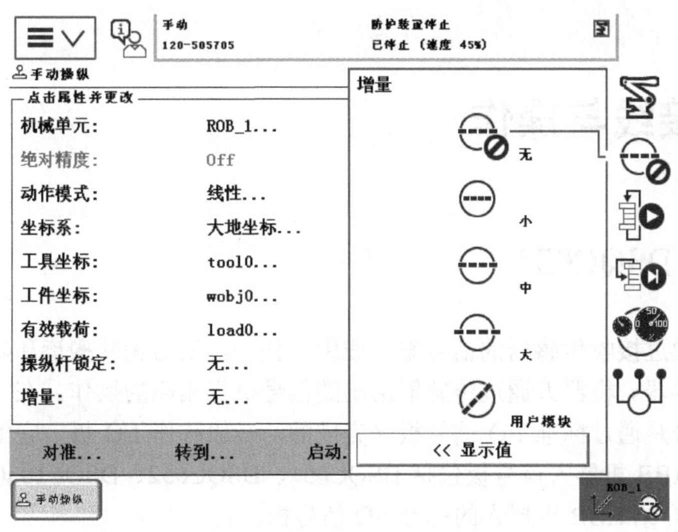

图 2-43 使用增量控制窗口菜单设置增量

表 2-3 3 种增量与距离、角度之间的关系

增　量	距　离	角　度
小	0.05mm	0.005°
中	1mm	0.02°
大	5mm	0.2°

2.2.7 手动操纵经验

1. 巧记操纵杆方向

当机器人在基坐标系下运动时，用户处于机器人 X 轴正方向且面向机器人站立，机器人运动方向应与操纵杆移动方向相同，方便用户记忆。

2. 奇异点

与 IRB 120 机器人构型类似的六轴工业机器人因机械结构设计特点均存在奇异点。奇异点是指当机器人第 5 轴关节接近 0° 时，第 4 轴与第 6 轴处于同一直线上，如图 2-44 所示。此时机器人的自由度将发生退化，将会造成某些关节角速度趋于无穷大，导致失控。因此，ABB 机器人在靠近奇异点时将会发出报警，事件消息为“50436”，并显示“机器人配置错误”。

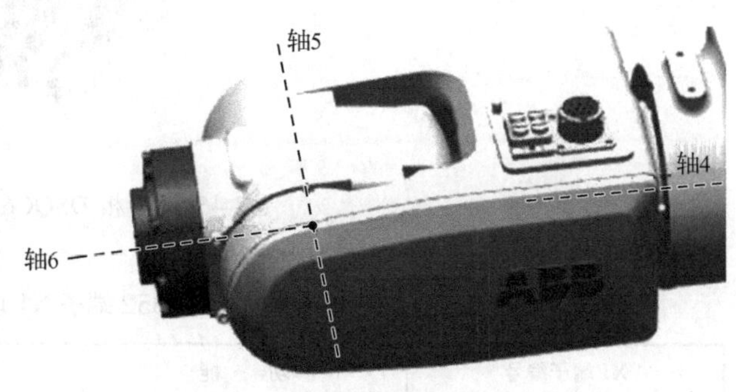

图 2-44 机器人处于奇异点

2.3 I/O 接线与操作

2.3.1 I/O 板 DSQC652

机器人主要通过接收传感器的信号来完成生产任务，如常见的搬运和码垛任务，这就需要有一个位置传感器。机器人通过传感器给出的信号执行相应的操作。在 ABB 机器人中，数字量的输入信号是通过标准 I/O 信号板来完成的，一般称作 I/O 板，它安装在机器人的控制柜中。常见的 ABB 机器人信号板包括 DSQC651、DSQC652、DSQC1030 等。这里主要以 DSQC652 为例来介绍 ABB 机器人的标准 I/O 信号板。

I/O 板 DSQC652 分为标准板、IRC5 内置 I/O 板等多种。

1．ABB 标准 I/O 板 DSQC652

DSQC652 是 16 点数字量输入和 16 点数字量输出的 I/O 信号板，图 2-45 中的 X1 和 X2 是数字量输出端子，X3 和 X4 是数字量输入端子。每个接线端子有 10 个接线柱，对于输出端子 X1 和 X2 而言，1～8 号为输出通道，9 号为 0V，10 号为 24V+；对于输入端子 X3 和 X4 而言，1～8 号为输入通道，9 号为 0V，10 号未使用（NC）。X5 为 ABB 机器人标准的 DeviceNet 接口。X1～X4 的接线端子的定义及分配地址参考表 2-4～表 2-7。

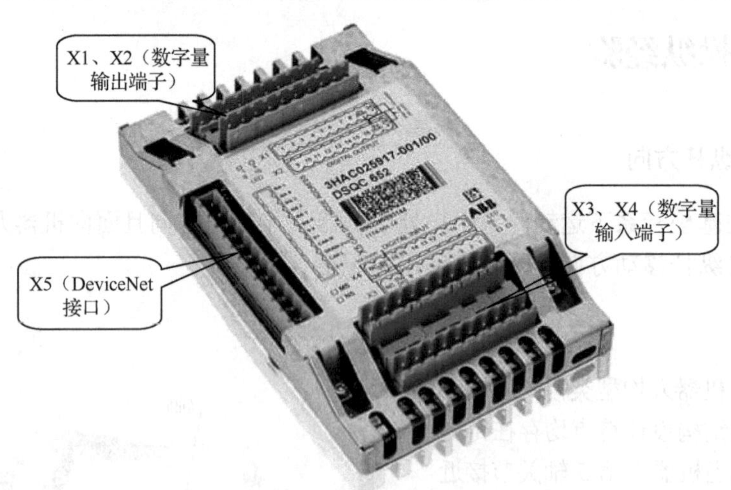

图 2-45　I/O 板 DSQC652 示意图

表 2-4　DSQC652 端子 X1 功能与地址定义

X1 端子编号	功　能	名　称	分 配 地 址
1	Output	CH1	0

续表

X1 端子编号	功　　能	名　　称	分 配 地 址
2	Output	CH2	1
3	Output	CH3	2
4	Output	CH4	3
5	Output	CH5	4
6	Output	CH6	5
7	Output	CH7	6
8	Output	CH8	7
9	GND	0V	
10	VSS	24V+	

表 2-5　DSQC652 端子 X2 功能与地址定义

X2 端子编号	功　　能	名　　称	分 配 地 址
1	Output	CH9	8
2	Output	CH10	9
3	Output	CH11	10
4	Output	CH12	11
5	Output	CH13	12
6	Output	CH14	13
7	Output	CH15	14
8	Output	CH16	15
9	GND	0V	
10	VSS	24V+	

表 2-6　DSQC652 端子 X3 功能与地址定义

X3 端子编号	功　　能	名　　称	分 配 地 址
1	Input	CH1	0
2	Input	CH2	1
3	Input	CH3	2
4	Input	CH4	3
5	Input	CH5	4
6	Input	CH6	5
7	Input	CH7	6
8	Input	CH8	7
9	GND	0V	
10	NC	NC	

表 2-7 DSQC652 端子 X4 功能与地址定义

X4 端子编号	功 能	名 称	分 配 地 址
1	Input	CH9	8
2	Input	CH10	9
3	Input	CH11	10
4	Input	CH12	11
5	Input	CH13	12
6	Input	CH14	13
7	Input	CH15	14
8	Input	CH16	15
9	GND	0V	
10	NC	NC	

2. IRC5 内置 I/O 板 DSQC652

ABB 机器人 IRB 120 采用紧凑型 IRC5 新型控制器，其接线可以参考附录 A。如图 2-46 所示，内置 I/O 板 DSQC652 从上到下依次为 XS12～XS17 端子，它们的具体功能与含义如表 2-8 所示。

图 2-46 IRC5 内置 I/O 板 DSQC652

表 2-8 IRC5 内置 I/O 板 DSQC652 各端子对应的功能与含义

端 子 排 号	功能与含义	备 注
XS12	8 位数字输入	地址 0～7
XS13	8 位数字输入	地址 8～15
XS14	8 位数字输出	地址 0～7
XS15	8 位数字输出	地址 8～15
XS16	24V/0V 电源	0V 和 24V 每位间隔
XS17	DeviceNet 外部接口	

IRC5 新型控制器可以配置 DSQC652 板，也可以配置 DSQC651 板，如配置后者，则没有 XS15 端子。图 2-47 和图 2-48 是配置 DSQC652 板时的 XS12、XS13 输入端子和 XS14、XS15 输出端子，图 2-49 则是配置 DSQC652 板时的 XS16 电源信号。

图 2-47　配置 DSQC652 板时的 XS12 和 XS13 输入端子

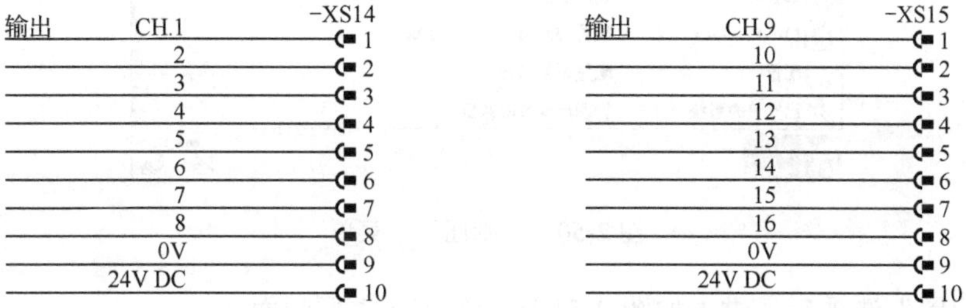

图 2-48　配置 DSQC652 板时的 XS14 和 XS15 输出端子

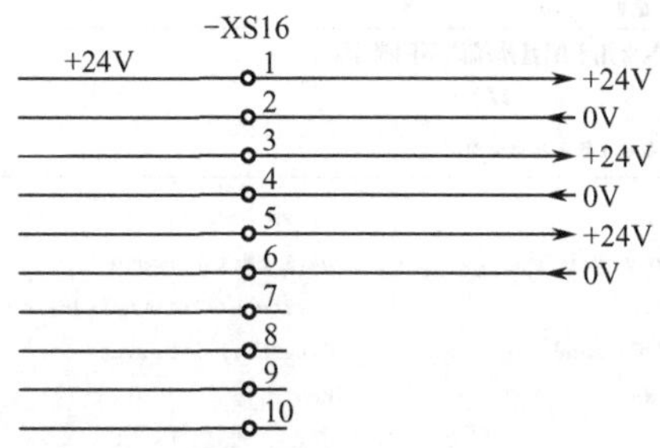

图 2-49　配置 DSQC652 板时的 XS16 电源信号

2.3.2　信号配置

信号配置

ABB 机器人系统支持 DeviceNet、ProfiBus、InterBus 等信号总线规格，在信号配置过程中要求如下：所有输入/输出板及信号的名称不允许重复；模拟信号不允许使用脉冲或延迟功能；每个总线上最多配置 20 块输入/输出板，每台机器人最多配置 40 块输入/输出板，每台机器人最多可定义 1024 个输入/输出信号；组合信号最大长度为 16；Cross Connection 不允许循环定义，在一个 Cross Connection 中最多定义 5 个操作。当 I/O 系统配置修改后（包含更改输入/输出信号），必须重新启动以使改动生效。

1．定义 I/O 板

在主菜单中选择“控制面板”选项，控制面板的所有子菜单如图 2-50 所示，包括外观、监控、I/O、语言、配置等。

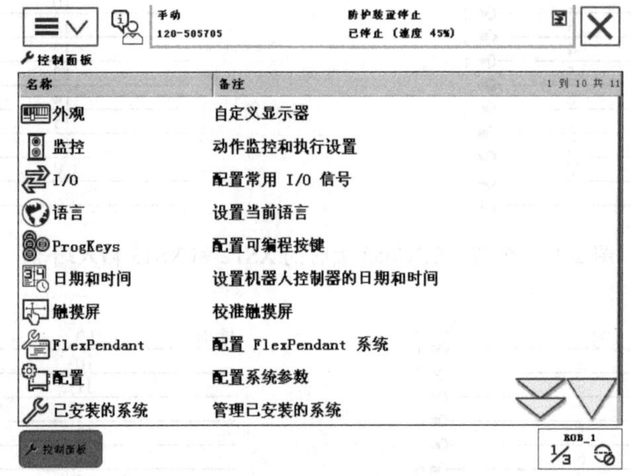

图 2-50　控制面板子菜单

选择“配置”选项后，进入如图 2-51 所示的 I/O 主题画面。

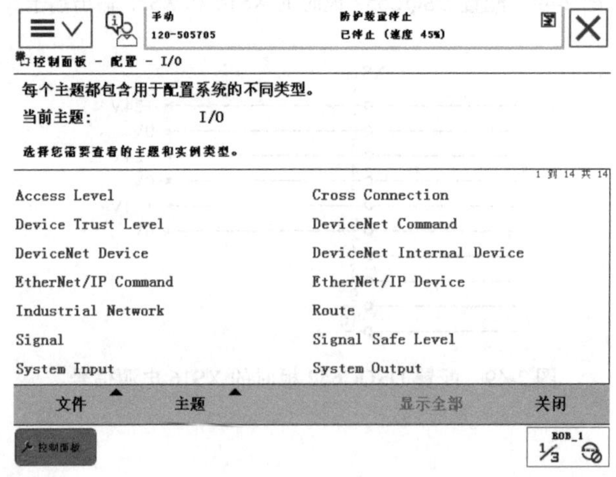

图 2-51　I/O 主题画面

因为 ABB 的 I/O 板都是挂接在 DeviceNet 现场总线下的设备，因此这里选择“DeviceNet Command”选项，并按照图 2-52 所示的参数进行填写，包括 Name（名称）等。填写完相关信息后，单击“确定”按钮后重启系统。

2．定义数字输入/输出信号

在如图 2-51 所示的 I/O 主题画面中，选择“Signal”选项，如图 2-53 所示，然后单击“添加”按钮，就可以在图 2-54 所示的画面中进行数字输入/输出信号定义了。

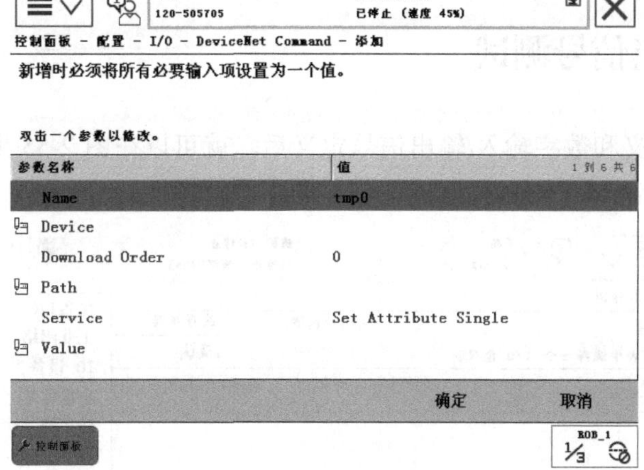

图 2-52　添加 I/O 板

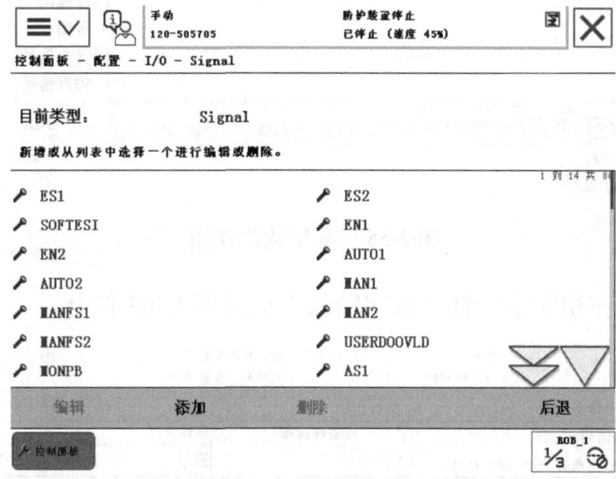

图 2-53　新增 Signal 信号

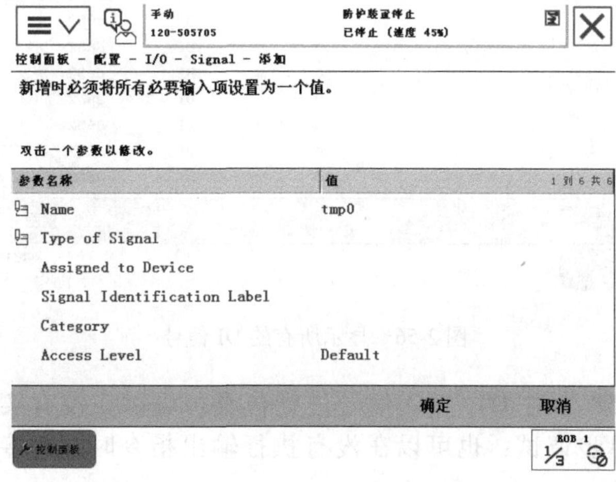

图 2-54　数字输入/输出信号定义

2.3.3 输入/输出信号测试

输入/输出信号测试

当完成 I/O 板定义和数字输入/输出信号定义后，就可以在图 2-55 所示的输入/输出视图中进行输入/输出信号测试了，包括监控、仿真和强制等操作。

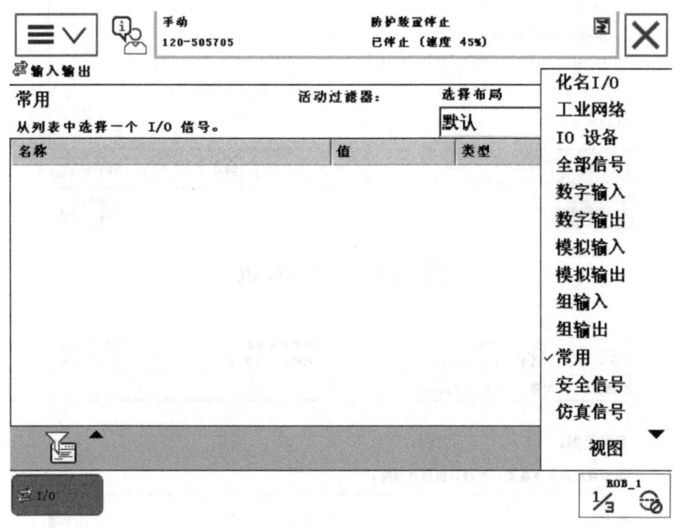

图 2-55　输入/输出视图

如图 2-56 所示是在视图中选择“数字输入”后的所有 DI 信号。

手动　120-505705　防护装置停止　已停止（速度 45%）

输入输出

全部信号　活动过滤器：　选择布局　默认

从列表中选择一个 I/O 信号。

名称	值	类型	设备
DI1	0	DI	d652
DI10	0	DI	d652
DI2	0	DI	d652
DI3	0	DI	d652
DI4	0	DI	d652
DI5	0	DI	d652
DI6	0	DI	d652
DI7	0	DI	d652
DI8	0	DI	d652
DI9	0	DI	d652

视图

I/O　ROB_1　1/3

图 2-56　显示所有的 DI 信号

图 2-57 和图 2-58 为对 DI、DO 信号进行仿真，可以在没有实际输入信号时通过输入仿真来使程序单步调试；也可以在没有执行输出指令时，直接对输出信号置位和复位。

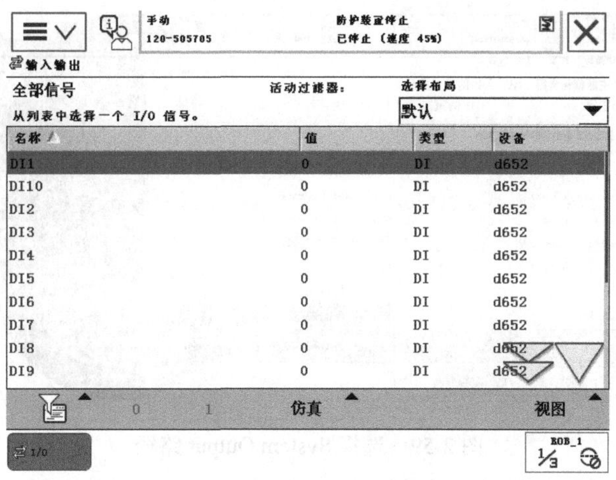

图 2-57　对 DI 信号进行仿真

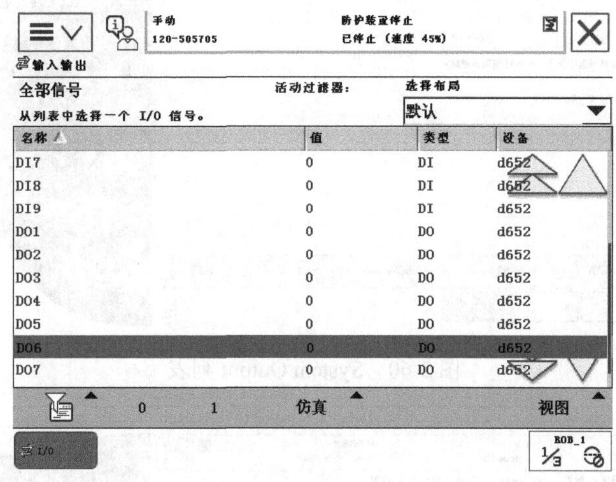

图 2-58　对 DO 信号进行仿真

2.3.4　配置系统参数的输入/输出

配置系统参数的输入输出

系统参数用于定义系统配置，并可以根据客户的需要将输入/输出信号进行关联，分为 System Input（系统输入）和 System Output（系统输出）两种，其选择路径为“主菜单”→“控制面板”→“配置”→“I/O System”，如图 2-59 所示为选择 System Output 路径。

系统输出是指机器人系统的状态信号可以与数字输出信号关联起来，将系统的状态输出给外围设备作控制用（如系统运行模式、程序执行错误、急停等）。在某些应用场合下，当需要将机器人的紧急停止状态输出给现场报警指示灯时，其具体步骤为：先选择 System Output，再单击“显示全部”按钮，此时出现如图 2-60 所示的 System Output 列表；单击“添加”按钮后出现如图 2-61 所示的 System Output 参数修改画面。其中，Signal Name 表示“选择已经定义过的 DO 信号”，Status 表示“选择需要输出的状态”。

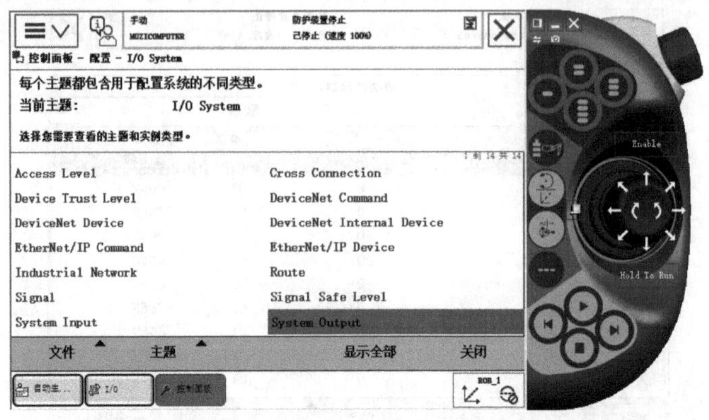

图 2-59　选择 System Output 路径

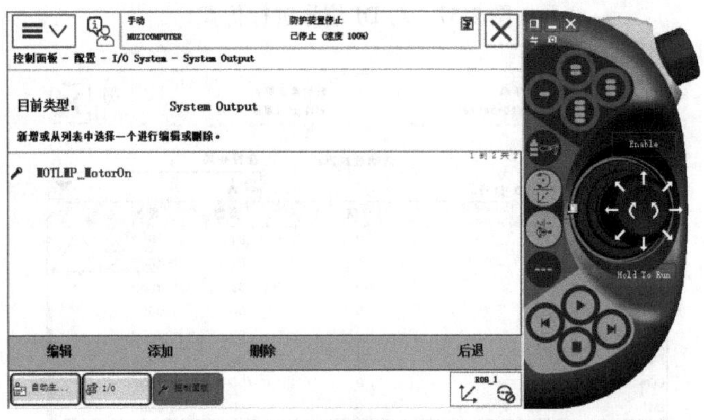

图 2-60　System Output 列表

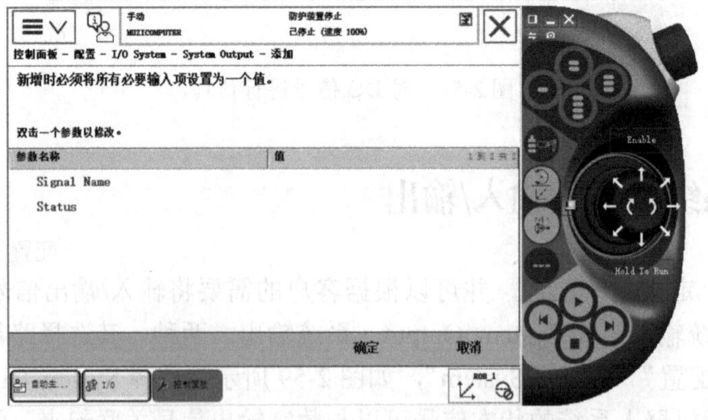

图 2-61　System Output 参数修改画面

如图 2-62 所示，在修改 Signal Name 参数时，选择 DO01_ES1（该名称是按照 2.3.2 节进行信号配置的），其对应的输出是 DO01；如图 2-63 所示，在修改 Status 参数时，选择“Emergency Stop”（紧急停止状态）。

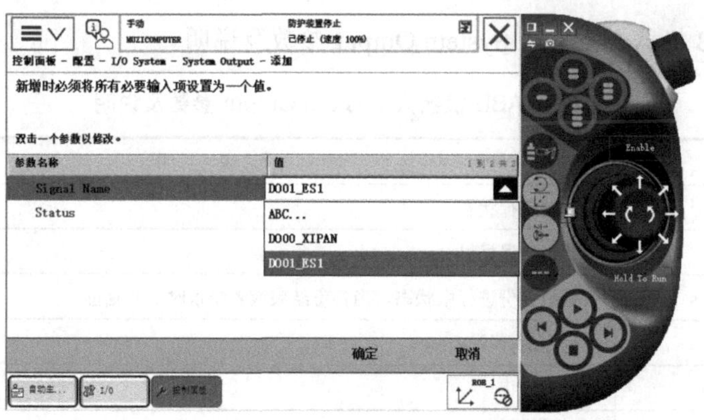

图 2-62　修改 Signal Name 参数

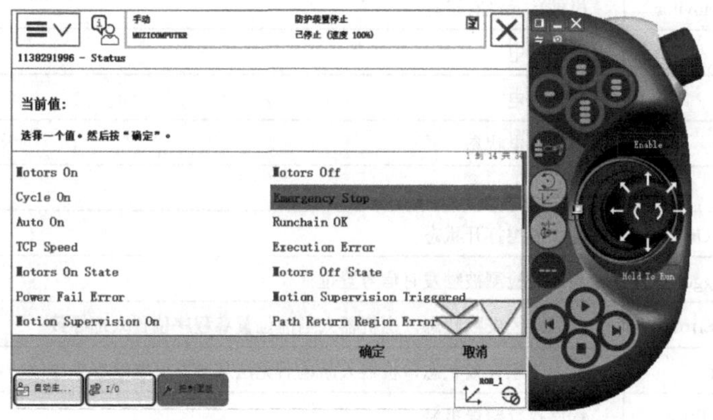

图 2-63　修改 Status 参数

完成以上参数修改后，单击“确定”按钮退出并关机。按如图 2-64 所示进行 XS14 端子输出接线，即可测试当图 2-65 所示的 DO01_ES1 为“1”时，XS14-2 端子输出为 24V；当 DO01_ES1 为“0”时，XS14-2 端子输出为 0V。

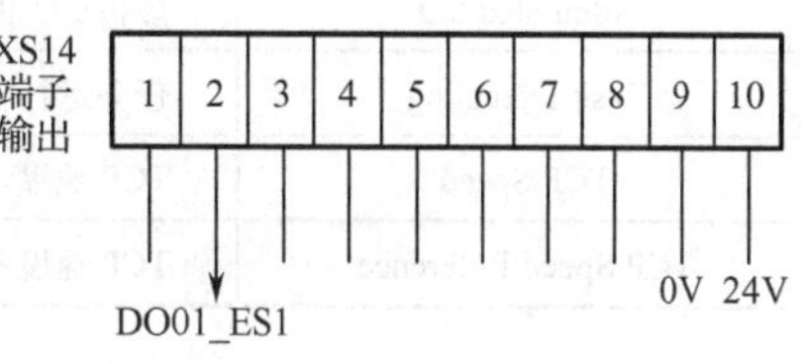

图 2-64　XS14 端子输出接线

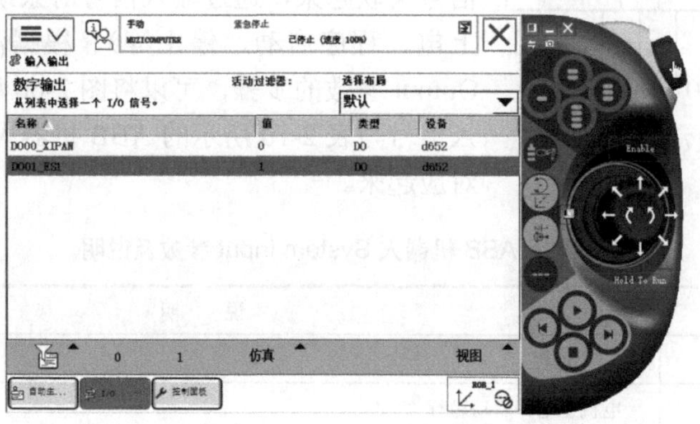

图 2-65　System Output 输出信号测试

表 2-9 为 ABB 机器人所有的 System Output 参数及说明。

表 2-9　ABB 机器人 System Output 参数及说明

系统输出	说　明
Auto On	自动运行状态
Backup Error	备份错误报警
Backup in Progress	系统备份进行中状态，当备份结束或者错误时信号复位
Cycle On	程序运行状态
Emergency Stop	紧急停止
Execution Error	运行错误报警
Mechanical Unit Active	激活机械单元
Mechanical Unit Not Moving	机械单元没有运行
Motor Off	电机下电
Motor On	电机上电
Motor Off State	电机下电状态
Motor On State	电机上电状态
Motor Supervision On	动作监控打开状态
Motor Supervision Triggered	当碰撞检测被触发时信号置位
Path Return Region Error	返回路径失败状态，由机器人当前位置离程序位置太远导致
Power Fail Error	动力供应失效状态，机器人断电后无法从当前位置运行
Production Execution Error	程序执行错误报警
Run Chain OK	运行链处于正常状态
Simulated I/O	虚拟 I/O 状态，有 I/O 信号处于虚拟状态
Task Executing	任务运行状态
TCP Speed	TCP 速度，用模拟输出信号反映机器人当前实际速度
TCP Speed Reference	TCP 速度参考状态，用模拟输出信号反映机器人当前指令中的速度

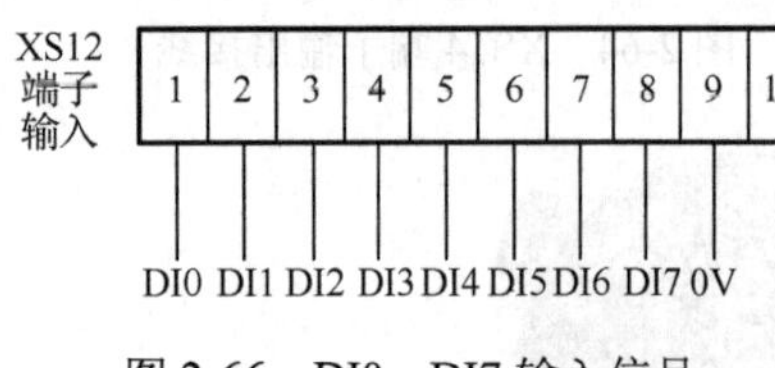

图 2-66　DI0～DI7 输入信号

系统输入是指将数字输入信号与机器人系统的控制信号关联起来，通过输入信号对系统进行控制（如电机上电、程序启动、停止等）。根据添加与修改 System Output 参数的步骤，可以将图 2-66 所示的 DI0～DI7 输入信号与表 2-10 所示的 ABB 机器人 System Input 参数对应起来。

表 2-10　ABB 机器人 System Input 参数及说明

系统输入	说　明
Motor On	电机上电
Motor On and Start	电机上电并启动运行
Motor Off	电机下电

续表

系统输入	说　明
Load and Start	加载程序并启动运行
Interrupt	中断触发
Start	启动运行
Start at Main	从程序启动运行
Stop	停止
Quick Stop	快速停止
Soft Stop	软停止
Stop at And of cycle	在循环结束后停止
Stop at And of Instruction	在指令运行结束后停止
Reset Execution Error Signal	报警复位
Reset Emergency Signal	急停复位
System Restart	重启系统
Load	加载程序文件，加载后系统原理文件丢失
Backup	系统备份

2.3.5　配置可编程按键

配置可编程按键

示教器右上角的 4 个功能键是可以自定义后关联 I/O 的，其设置步骤为：“主菜单”→“控制面板”→“ProgKeys”，如图 2-67 所示。单击“ProgKeys”后进入配置可编程按键画面，如图 2-68 所示，按键 1～按键 4 对应示教器右上角的 4 个功能键。

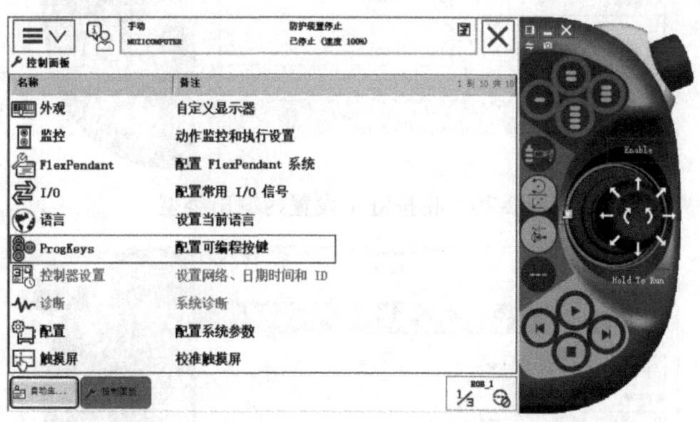

图 2-67　选择 ProgKeys

以按键 1 为例，按照图 2-69～图 2-71 所示选择按键类型（共有 3 种，分别是输入、输出和系统），设置相关参数，其中“切换”表示取反。当按键类型为输入或输出时，只需选择右侧框图中的对应信号，再单击“确定”按钮就可以通过功能键控制 I/O 了。

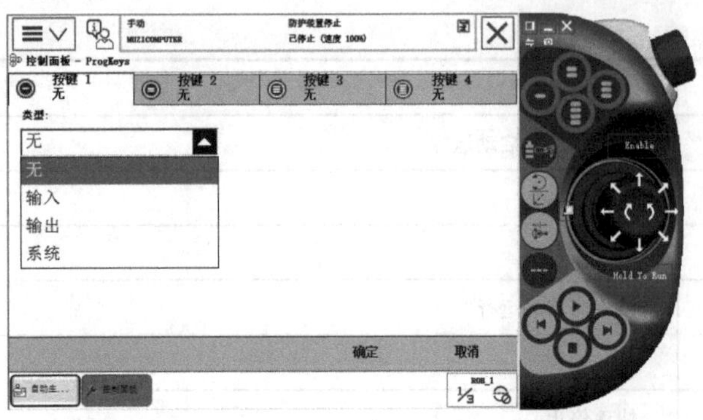

图 2-68　选择按键 1

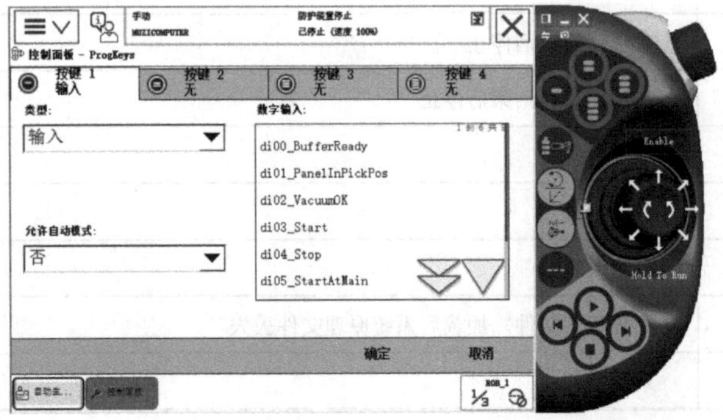

图 2-69　将按键 1 设置为输入类型

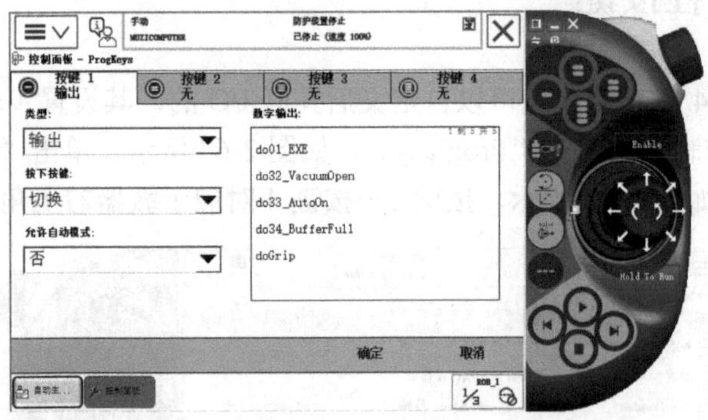

图 2-70　将按键 1 设置为输出类型

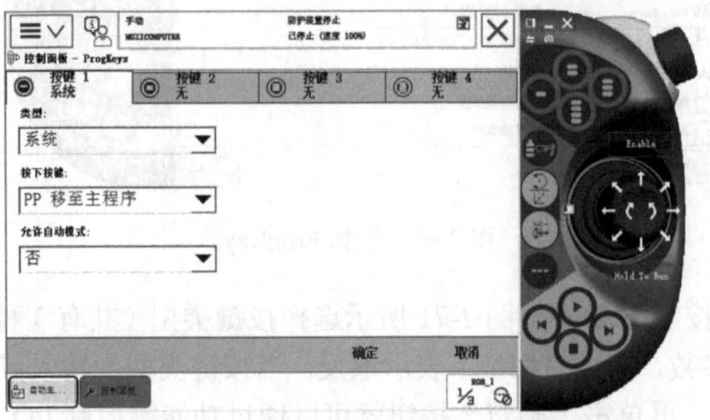

图 2-71　将按键 1 设置为系统类型

2.3.6　配置组输入和组输出信号

如图 2-72 所示为添加信号时的组输入和组输出选项。其中组输入信号就是将几个数字输入信号组合起来使用，用于接收外围设备输入的 BCD 编码的十进制数。

图 2-72　组输入和组输出选项

这里以组输入信号 gi1 参数为例进行说明，如表 2-11 所示。

表 2-11　gi1 参数名称、设定值和说明

参 数 名 称	设 定 值	说　明
Name	gi1	设定组输入信号的名称
Type of Signal	Group Input	设定信号的类型
Assigned to Device	Board10	设定信号所在的 I/O 板卡
Device Address	1～3	设定信号所占用的地址

当组输入信号 gi1 状态如表 2-12 所示出现状态 1 和状态 2 时，其对应的十进制值分别为 3 和 7。gi1 占用地址 1～3 共 3 位，可代表十进制数 0～7。同理，如果占用 8 位的话，可代表十进制数 0～255。

表 2-12　gi1 状态说明

状　态	地 址 1	地 址 2	地 址 3	十 进 制 数
	1	2	4	
状态 1	1	1	0	1+2=3
状态 2	1	1	1	1+2+4=7

对于组输出信号，其应用与组输入信号类似。

2.4　机器人搬运作业的操作

2.4.1　概述

搬运作业是指用一种设备握持工件从一个加工位置移到另一个加工位置。搬运机器人可

安装不同的末端执行器以完成各种不同形状和状态的工件搬运工作，这可以大大减轻人类繁重的体力劳动。目前，搬运机器人被广泛应用于机床上下料、冲压机自动化生产线、自动装配流水线、码垛机上下料等自动搬运领域。

如图 2-73 所示为某机器人搬运作业示意图，其末端执行器采用真空吸盘。

机器人在搬运作业时，一般需要先将第 6 轴移动到接近点（见图 2-74），然后再向下直线移动到放置点（见图 2-75），最后在该放置点进行真空吸盘动作，取放工件。

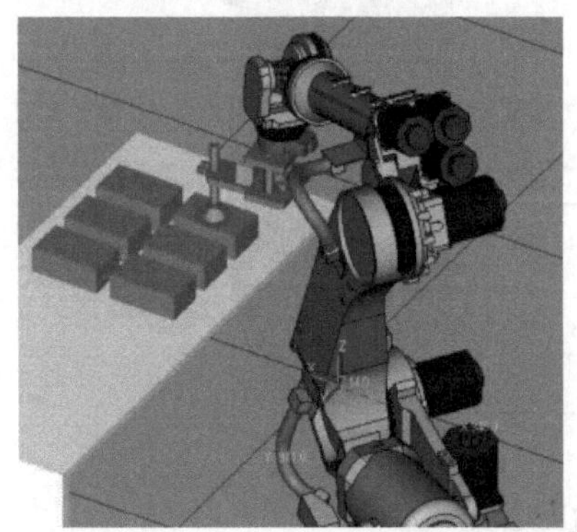

图 2-73　机器人搬运作业示意图

图 2-74　机器人搬运作业时的接近点

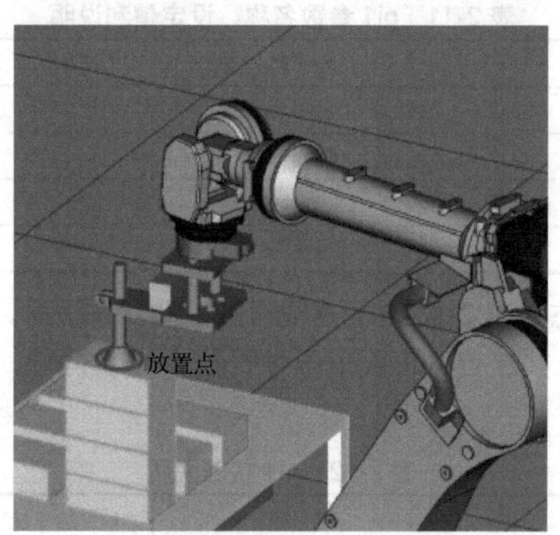

图 2-75　机器人搬运作业时的放置点

工件搬运过程操作与编程

2.4.2　工件搬运过程操作与编程

如图 2-76 所示为某工件搬运示意图，即将工件从原始位置 C 处搬运到最终位置 E 处，C 和 E 均为放置点。此处采用真空吸盘进行搬运，在搬运过程中涉及的点位说明如下：A 为机器人的初始位置；B 为工件原始位置 C 的正上方，为接近点；D 为工件最终位置 E 的正上方，也为接近点。

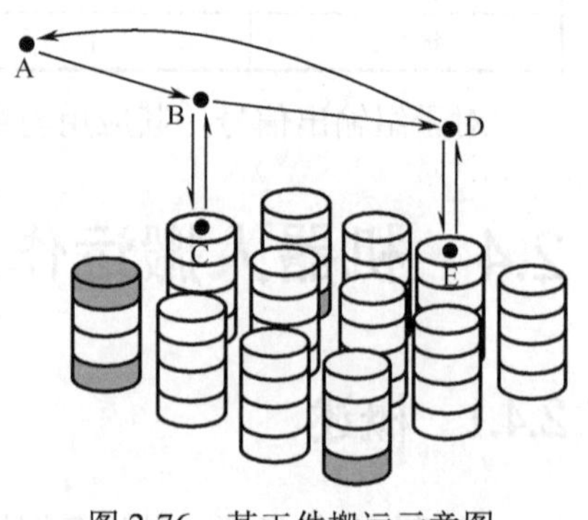

图 2-76　某工件搬运示意图

机器人搬运作业的操作流程共分 6 个步骤，具体如下。

1. 新建程序模块

依次执行“主菜单”→“程序编辑器”→“文件”→“新建模块”，如图 2-77 所示；此时会弹出丢失程序指针提示信息，如图 2-78 所示，单击“是”按钮。

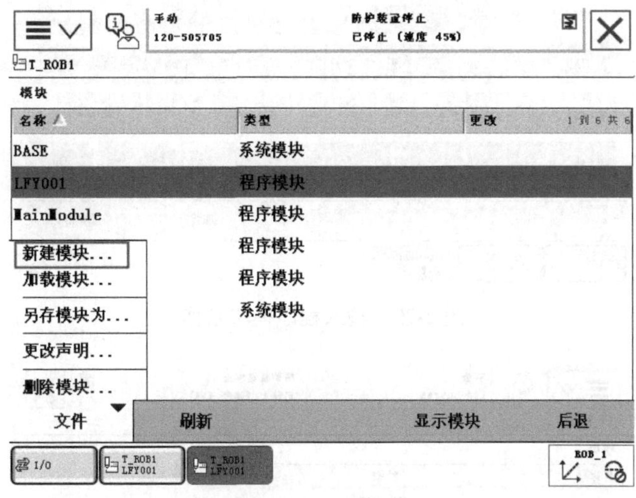

图 2-77　新建模块

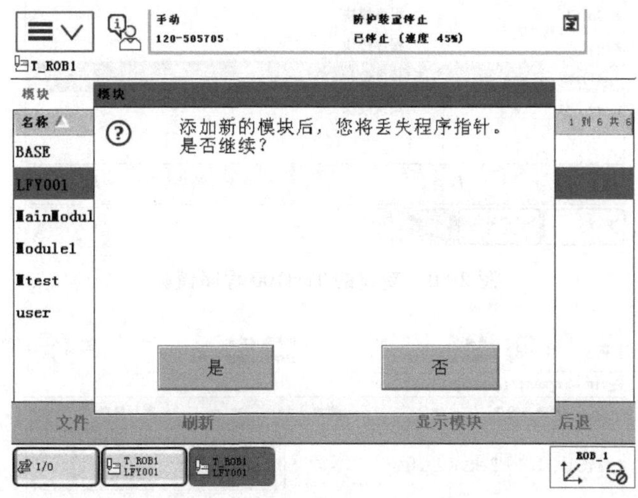

图 2-78　丢失程序指针提示信息

如图 2-79 所示，输入程序模块名称，如“Test100”，注意不要与之前已经建立的程序模块名称和系统模块名称重复；输入完毕后，单击“确定”按钮，新建的 Test100 程序模块如图 2-80 所示。

2. 新建例行程序

如图 2-81 所示为程序模块代码，此时因为没有输入任何代码，程序只有头尾两行；单击右上角的“例行程序”，出现如图 2-82 所示的无例行程序画面。

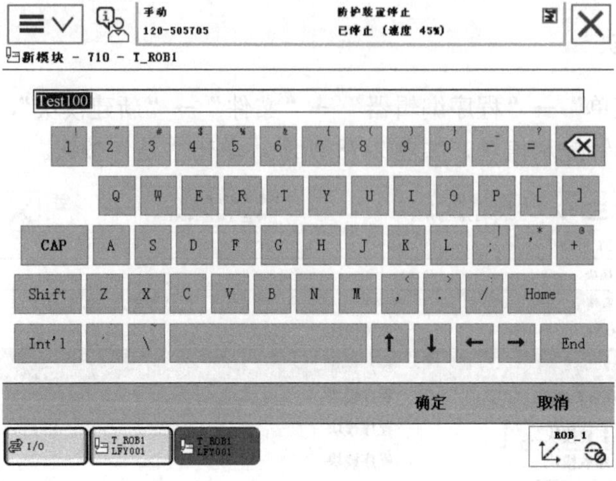

图 2-79　输入程序模块名称

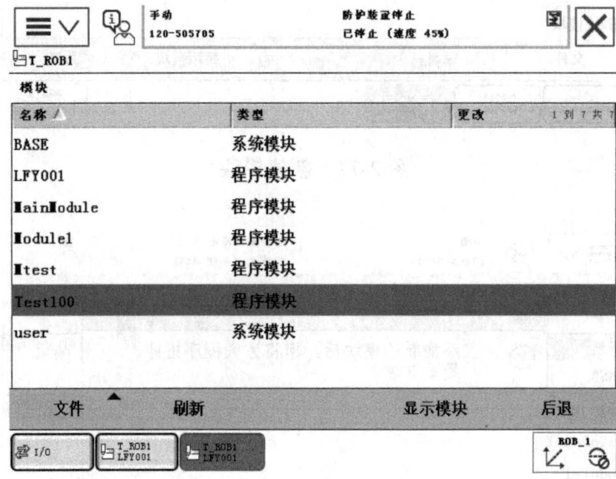

图 2-80　新建的 Test100 程序模块

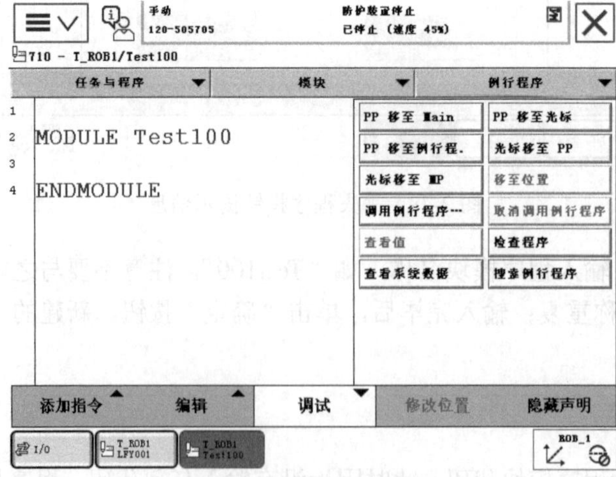

图 2-81　程序模块代码

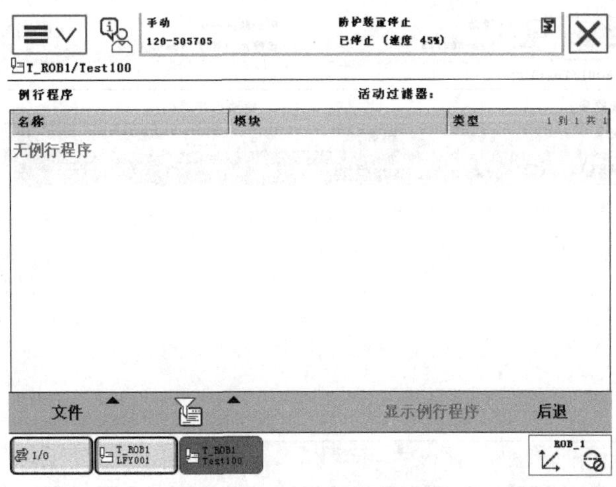

图 2-82　无例行程序画面

如图 2-83 所示，单击左下角的“文件”菜单，选择“新建例行程序”，出现如图 2-84 所示的例行程序声明画面，在“名称”一栏中输入程序名“lc100”，单击“确定”按钮后如图 2-85 所示。

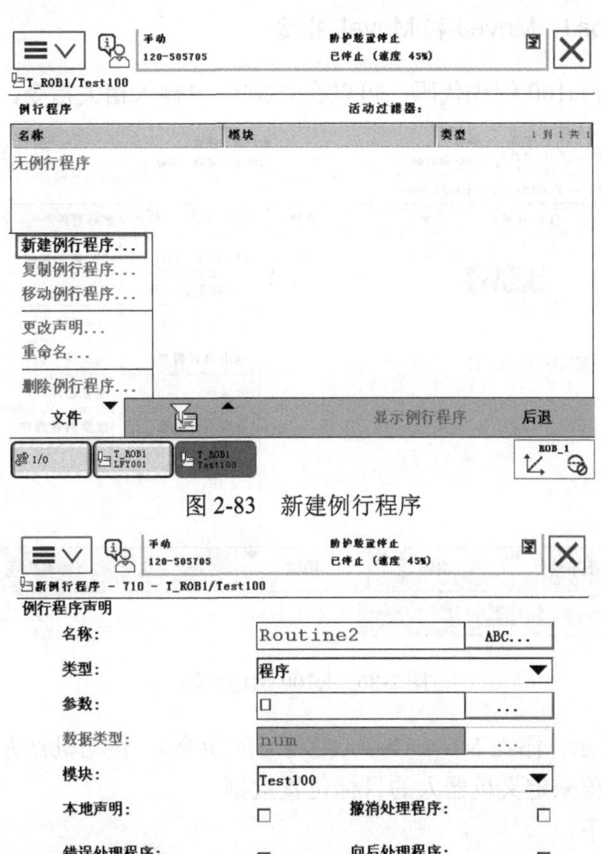

图 2-83　新建例行程序

图 2-84　例行程序声明画面

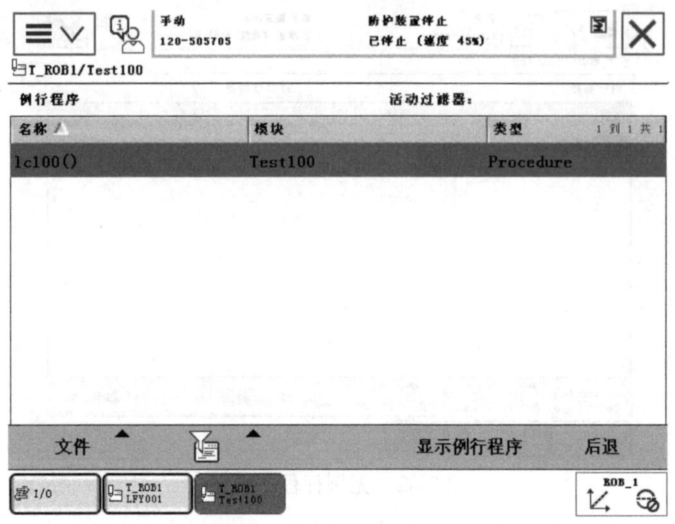

图 2-85　lc100 例行程序

3．添加 MoveAbsJ、MoveJ 和 MoveL 指令

如图 2-86 所示为 lc100 例程代码，可以在<SMT>中输入相关指令。

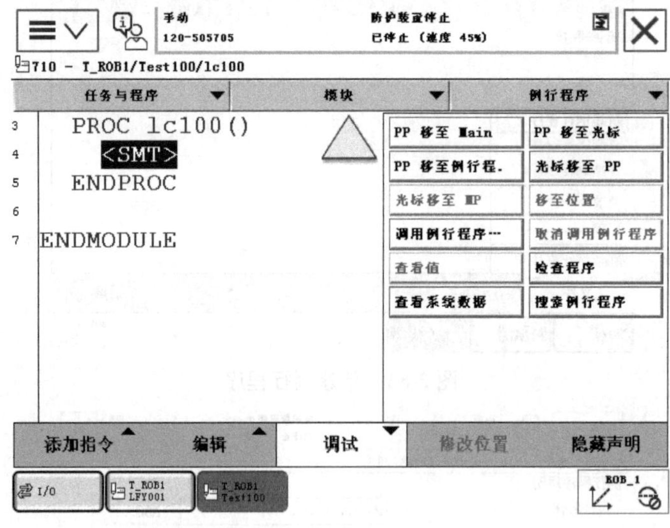

图 2-86　lc100 例程代码

（1）如图 2-87 所示，添加 MoveAbsJ（绝对运动指令），移动机器人机械臂到 A 点位置，它使用 6 个轴的角度值来定义机器人的目标位置数据。

该指令的格式如下：

```
MoveAbsJ *\NoEOffs，v1000，z50，tool0
```

MoveAbsJ 指令解析如表 2-13 所示。

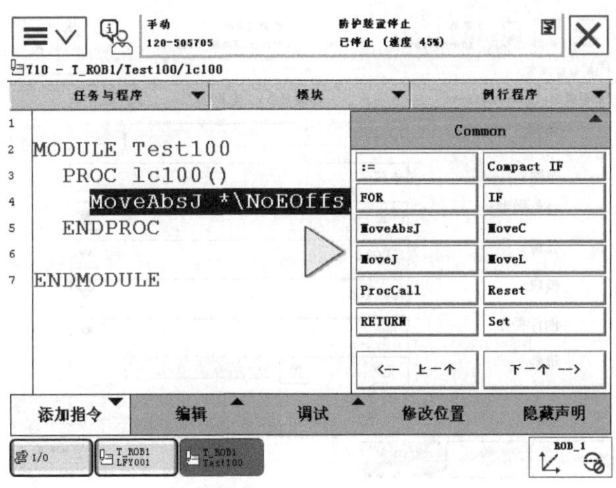

图 2-87　添加 MoveAbsJ 指令

MoveAbsJ 指令解析

表 2-13　MoveAbsJ 指令解析

程 序 数 据	说　　明
*	机器人运动目标位置数据
\NoEOffs	外轴不带偏移数据
v1000	运动速度数据（单位为 1000mm/s）
z50	机器人运动转弯数据（单位为 mm）
tool0	机器人工作数据 TCP，定义当前指令使用的工具坐标

表 2-13 中*为位置数据，如图 2-88 所示为新建位置数据。单击“新建”按钮后，新位置数据 jpos20 声明如图 2-89 所示；单击左下角的“初始值”按钮，在图 2-90 中对 rax_1～rax_6 数据进行修改，如图 2-91 所示。例如，[0，0，0，0，90，0]表示将第 5 轴设定为 90°，其余轴均为 0°。位置数据修改完成后的 MoveAbsJ 指令行如图 2-92 所示。

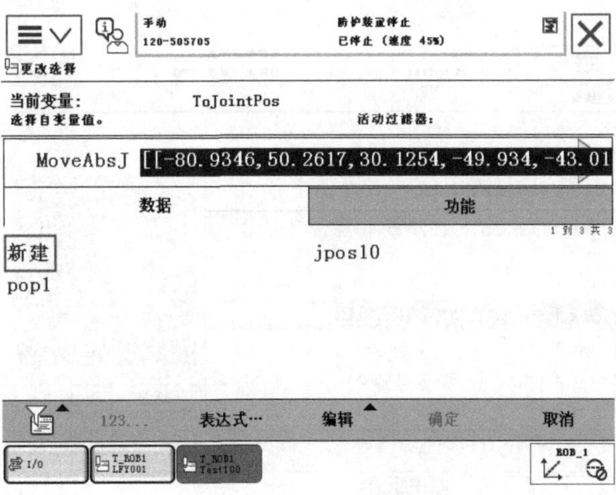

图 2-88　新建位置数据

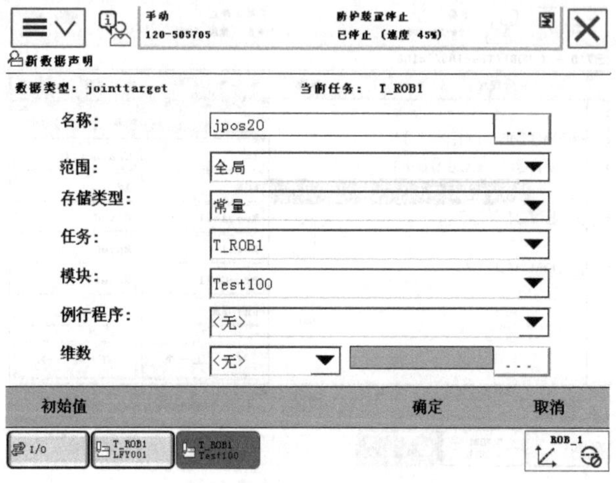

图 2-89 新位置数据 jpos20 声明

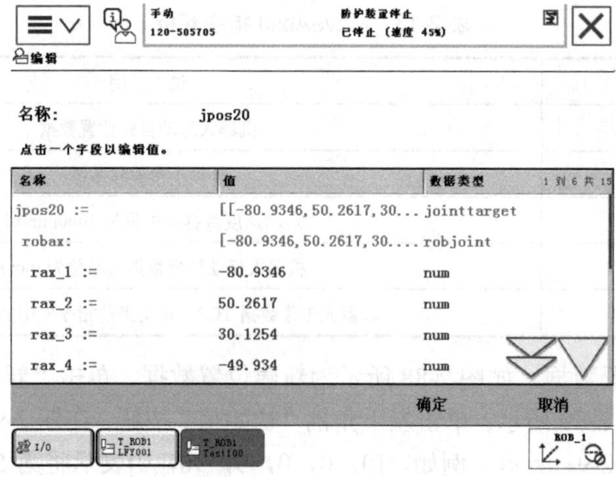

图 2-90 jpos 初始值

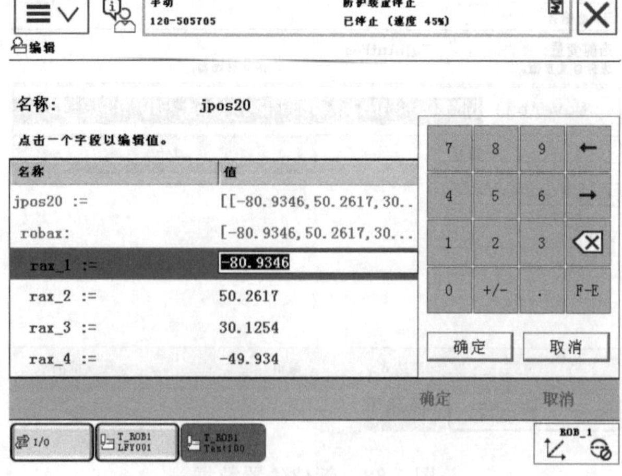

图 2-91 修改轴 1 的角度数据

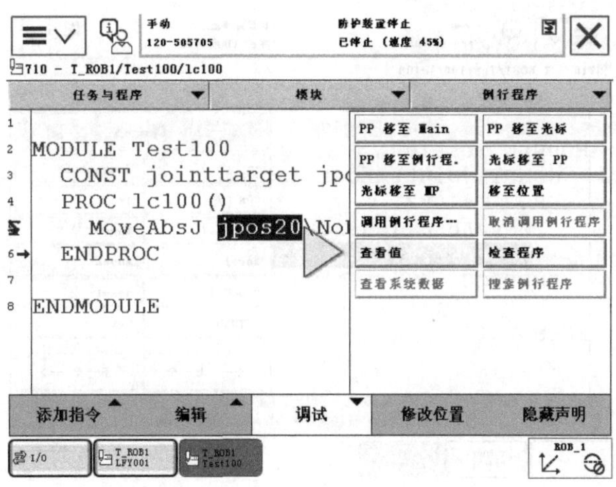

图 2-92　完成后的 MoveAbsJ 指令行

（2）添加 MoveJ（关节运动指令），移动机器人机械臂到 B 点位置。关节运动指令用于在对路径精度要求不高的情况下，将机器人 TCP 快速移动到给定目标点，运动的路径不一定是直线，如图 2-93 所示。

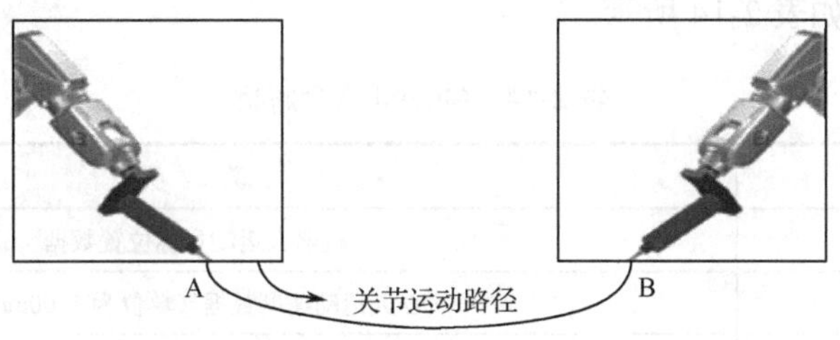

图 2-93　MoveJ 指令运动示意图

如图 2-94 所示，单击“添加指令”按钮后会出现“是否需要在当前选定的项目之上或之下插入”对话框，此处选择“下方”后，会出现如图 2-95 所示的 MoveJ 指令行。

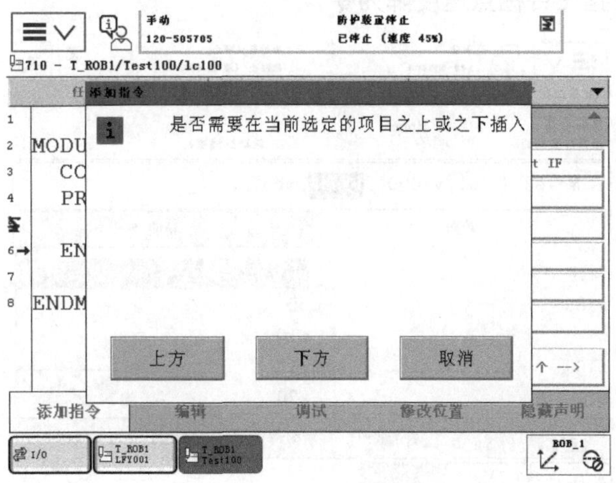

图 2-94　继续添加指令提示

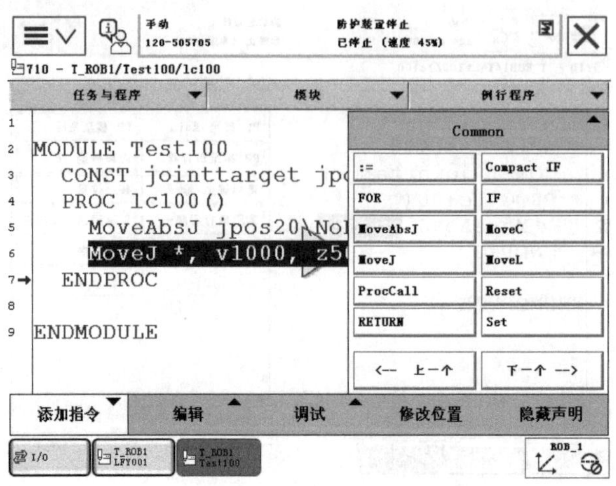

图 2-95　MoveJ 指令行

MoveJ 指令行代码如下：

```
MoveJ *, v1000, z50, tool0
```

MoveJ 指令解析

MoveJ 指令解析如表 2-14 所示。

表 2-14　MoveJ 指令解析

程序数据	说　明
*	机器人运动目标位置数据
v1000	机器人运动速度数据（单位为 1000mm/s）
z50	机器人运动转弯数据（单位为 mm）
tool0	机器人工作数据 TCP，定义当前指令使用的工具坐标

如图 2-96 所示，修改机器人运动目标位置数据*为“lc101”；根据需要更改 z50 为 fine，即 TCP 到达目标点，且在目标点速度降为零。

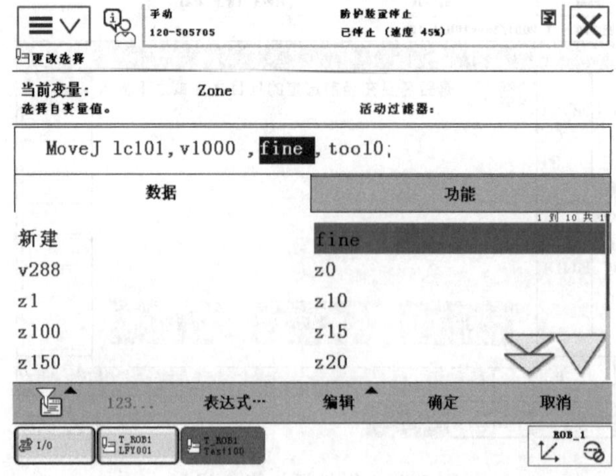

图 2-96　修改机器人运动目标位置数据和转弯数据

（3）添加 MoveL（线性运动指令），将机器人的机械臂从 B 点移动到 C 点位置。线性运动指令用于将机器人 TCP 沿直线移动到给定目标点，一般在搬运、焊接、涂胶等对路径精度要求较高的场合中使用，如图 2-97 所示。

图 2-97　线性运动路径

添加指令行：

```
MoveL lc111，v1000，fine，tool0
```

MoveL 指令解析

MoveL 指令解析如表 2-15 所示。

表 2-15　MoveL 指令解析

程序数据	说　明
lc111	机器人运动目标位置数据
v1000	机器人运动速度数据（单位为 1000mm/s）
fine	TCP 到达目标点，在目标点速度降为零
tool0	机器人工作数据 TCP，定义当前指令使用的工具坐标

（4）按照图 2-98 所示新建机器人运动目标位置数据并进行指令编程，代码如下：

```
MoveAbsJ jpos20\NoEOffs，v1000，z50，tool0;
MoveJ    lc101，v1000，fine，tool0;
MoveL    lc111，v1000，fine，tool0;
MoveL    lc101，v1000，fine，tool0;
MoveJ    lc131，v1000，fine，tool0;
MoveL    lc141，v1000，fine，tool0;
MoveL    lc131，v1000，fine，tool0;
```

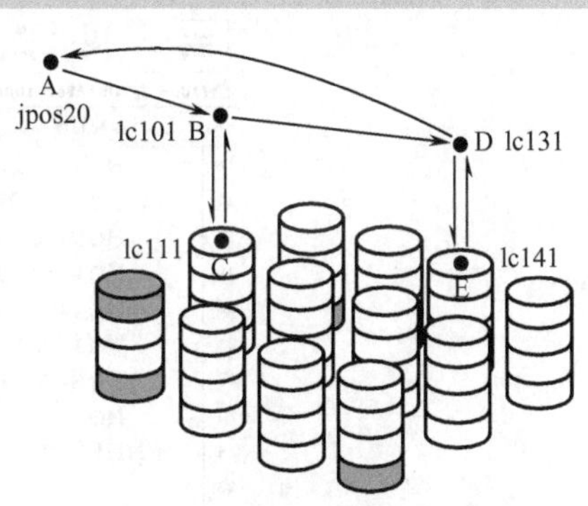

图 2-98　机器人运动目标位置数据

4．添加 WaitTime、Set/Reset 指令

添加 WaitTime 时间等待指令、Set/Reset 指令进行吸盘吸取和释放工件动作。其中 WaitTime 时间等待指令用于程序在等待一个指定的时间之后再继续向下执行，如“WaitTime 4”表示等待 4s。

添加 WaitTime、Set/Reset 指令

Set/Reset 指令用于控制 I/O 信号，从而达到与机器人周边设备进行信息交换的目的。

（1）Set 指令的用法。Set 指令即数字信号置位指令，用于将数字输出信号置为 1。

例如：

```
Set Grip;
```

（2）Reset 指令的用法。Reset 指令即数字信号复位指令，用于将数字输出信号置为 0。例如：

```
Reset Grip;
```

如果在 Set/Reset 指令前有运动指令 MoveL、MoveJ、MoveC、MoveAbsJ 等，则这些运动指令的转弯区半径必须选择 fine，才可以在准确的位置表达数字输出信号状态的变化。

本例的吸盘动作点位为 DO6，Set DO6 表示吸取工件，Reset DO6 表示释放工件。

图 2-99 和图 2-100 为完整的机器人搬运工件程序。

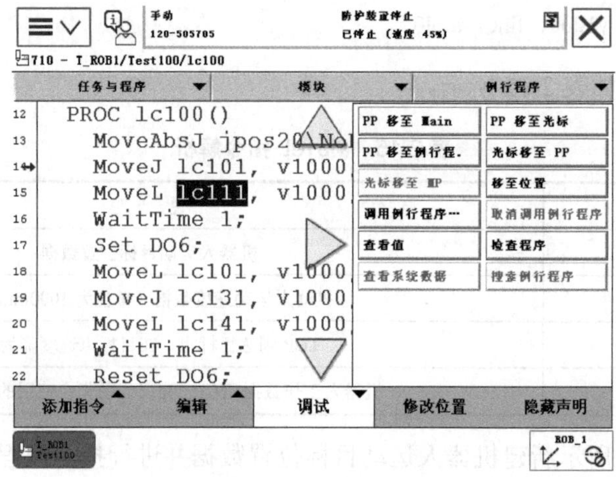

图 2-99　完整的机器人搬运工件程序（一）

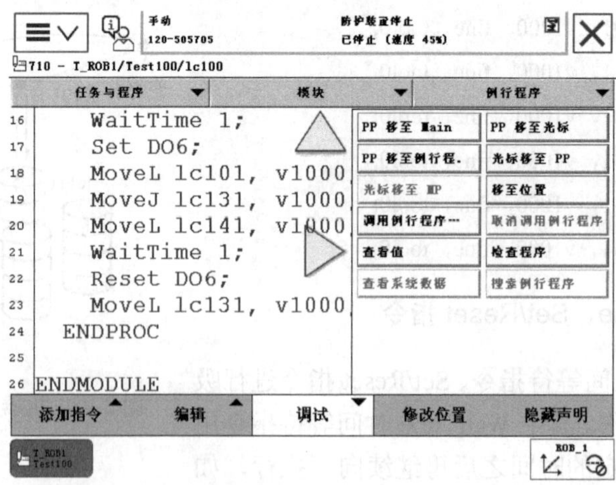

图 2-100　完整的机器人搬运工件程序（二）

5．确认修改位置

除了 A 点位置 jpos20 用角度来直接设定，其余的位置数据均需要先手动操纵来确认修改位置，再单击屏幕下面的“修改位置”，在出现的如图 2-101 所示的“确认修改位置”对话框中确认修改。一种快捷的确认修改位置的方法是先找到 lc111，再线性移动到 lc101；与之类似，先找到 lc141，再线性移动到 lc131。

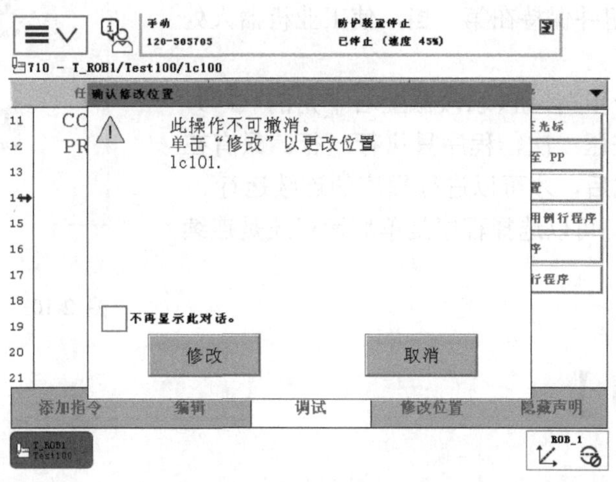

图 2-101　“确认修改位置”对话框

6. 单步调试与运行模式设定

单步调试与运行模式设定

（1）程序指针。

程序指针（PP） 指的是按示教器上的“启动”“步进”“步退”按钮均可启动程序的指令。如图 2-102 所示是与 PP 相关的动作，包括 PP 移至 Main、PP 移至光标、PP 移至例行程序、光标移至 PP 等。

PP 移至 Main	PP 移至光标
PP 移至例行程...	光标移至 PP
光标移至 MP	移至位置
调用例行程序…	取消调用例行程序
查看值	检查程序
查看系统数据	搜索例行程序

图 2-102　与 PP 相关的动作

程序将从“程序指针”指令处继续执行。但是，如果程序停止时光标移至另一指令处，则程序指针可移至光标位置，程序执行也可从该处重新启动。“程序指针”在“程序编辑器”和“运行时窗口”中的程序代码左侧，显示为黄色箭头。

（2）动作指针。

动作指针（MP）是机器人当前正在执行的指令。通常比“程序指针”落后一个或几个指令，因为系统执行和计算机器人路径比执行和计算机器人移动更快。

“动作指针”在“程序编辑器”和“运行时窗口”中的程序代码左侧，显示为小机器人。此时的光标可表示一个完整的指令。它在“程序编辑器”中的程序代码处以蓝色突出显示。

（3）单步调试。

在手动模式下运行搬运程序的单步调试步骤如下所述。

① 确保将控制柜模式开关转到手动模式。

② 单击程序编辑界面下方的“调试”菜单，反复单击可以打开或收起调试子菜单。

③ 单击“PP 移至例行程序 ……”选项，在程序列表中选择程序后，单击“确定”按钮，将光标移动到需要调试的 lc100 例行程序后，单击“PP 移至光标”选项。

④ 按下使能按钮并保持在第一挡，使工业机器人处于“电机开启状态”。

⑤ 按压“前进一步”按钮（示教器上右下角的“ ”），逐行运行程序。每按压一次，程序只执行一行。只有在完成程序的单步调试后，才可以进行程序的连续运行。

如图 2-103 所示，可以选择程序是单周运行还是连续运行。

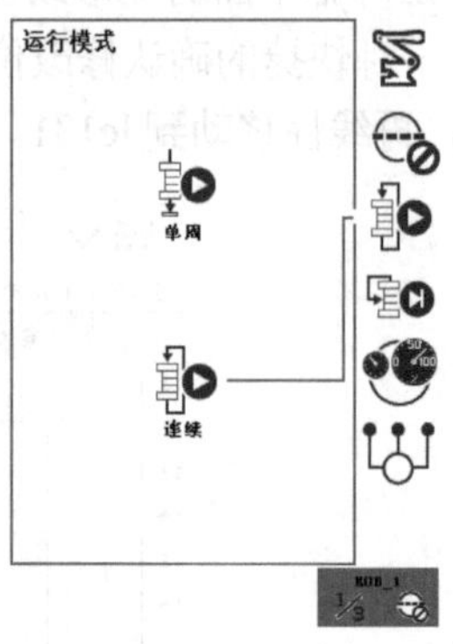

图 2-103　选择单周运行或连续运

【思考与练习】

1．选择题

（1）手动操纵 ABB 工业机器人进行单轴运动时，操纵杆的偏转方向决定下列哪种运动状态？（　　）

A．沿基坐标系的对应坐标轴运动　　　B．单轴运动的关节轴及运动方向

C．单轴运动的速度和角度　　　　　　D．单轴运动的加速度

（2）当发生紧急情况，如 ABB 工业机器人手臂与外部设备发生碰撞时，如果不易挪动外部设备且不能通过操纵工业机器人解决问题时，可通过操作下列哪个按钮来排除当前运行故障情况？（　　）

A．急停按钮　　B．电机上电按钮　　C．程序停止按钮　　D．制动闸释放按钮

2．操作题

（1）请使用增量模式移动机器人。

（2）在线性运动模式和重定位运动模式下移动机器人。

（3）利用六点法设定工具坐标。

（4）利用三点法设定工件坐标。

3．如图 2-104 所示，请阐述用四点法设定 TCP 的操作过程。

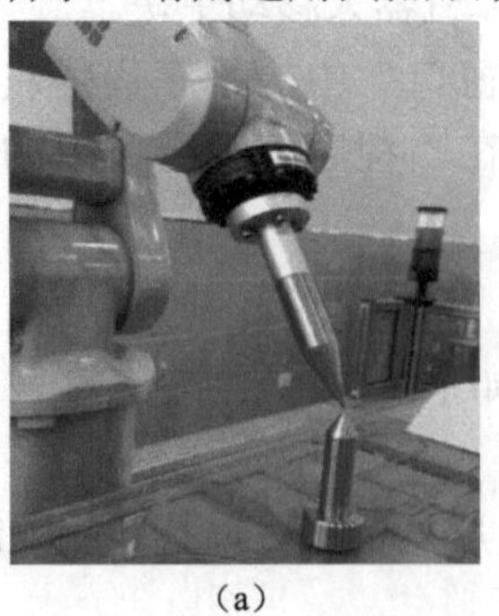

(a)

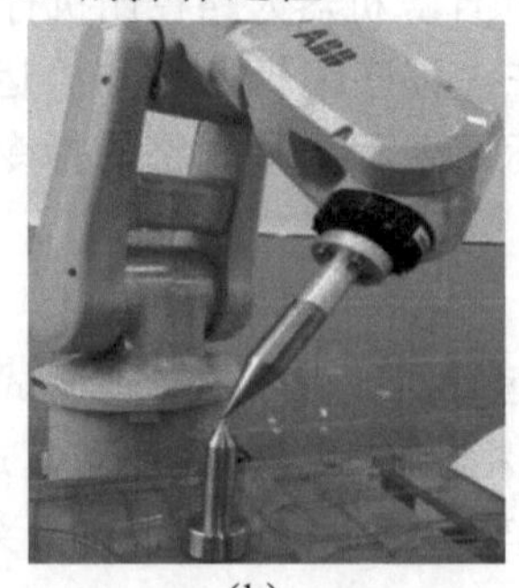

(b)

图 2-104　四点法设定 TCP

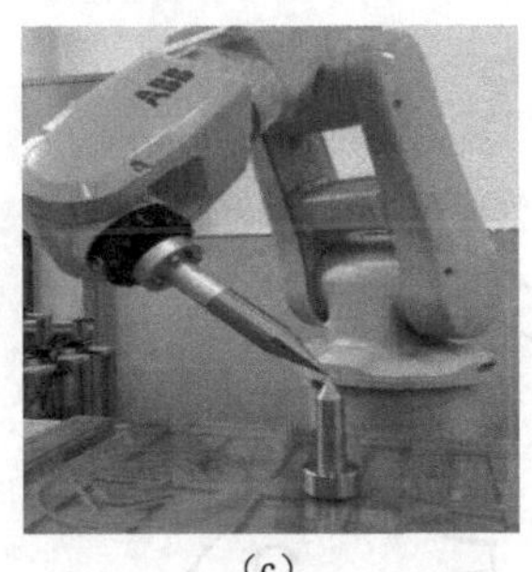
（c）

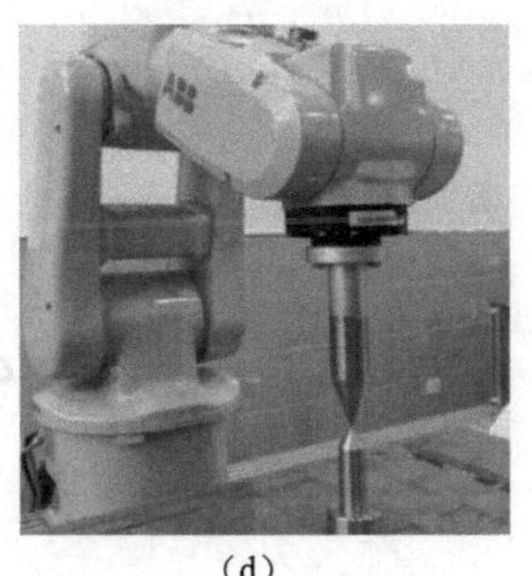
（d）

图 2-104　四点法设定 TCP（续）

4．请用工件坐标完成三角形的绘制，并逐条解释图 2-105 中代码的含义。

```
PROC sanjiao()
    MoveAbsJ HOME\NoEOffs, v1000, fine, tool0;
    MoveJ sanjiao_p10, v400, fine, tool0\WObj:=wobj1;
    WaitTime 2;
    MoveL sanjiao_p20, v100, fine, tool0\WObj:=wobj1;
    WaitTime 2;
    MoveL sanjiao_p30, v100, fine, tool0\WObj:=wobj1;
    WaitTime 2;
    MoveL sanjiao_p10, v100, fine, tool0\WObj:=wobj1;
    WaitTime 2;
    MoveAbsJ gd_p10\NoEOffs, v1000, fine, tool0;
  ENDPROC
```

图 2-105　题 4

5．请用工件坐标画出一个对称的三角形，路径为 p10→p20→p30，如图 2-106 所示。

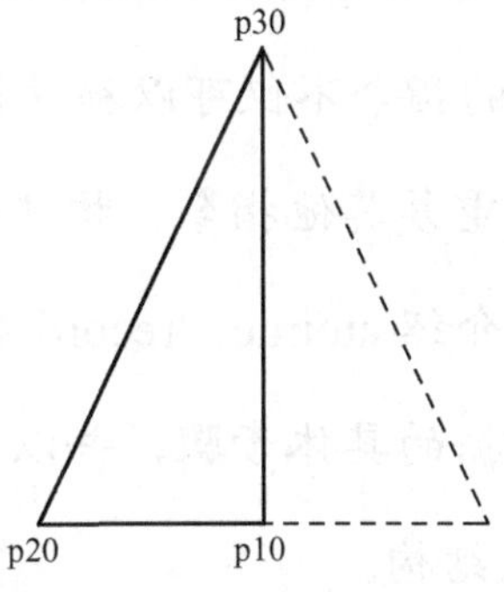

图 2-106　题 5

工业机器人 RAPID 程序设计

导读

在 ABB 机器人中，对机器人进行逻辑、运动及 I/O 控制的编程语言叫作 RAPID。它与计算机编程语言类似，和 VB、C 语言结构相近，其所包含的指令不仅可以移动机器人、设置输出、读取输入，还能实现决策、重复其他指令、构造程序、与系统操作员交流等功能。本章将详细介绍 atomic、record 和 alias 数据类型，以及在示教器中新建程序数据的具体步骤，并以机器人自动更换夹具为例介绍 RAPID 程序模块结构。

知识图谱

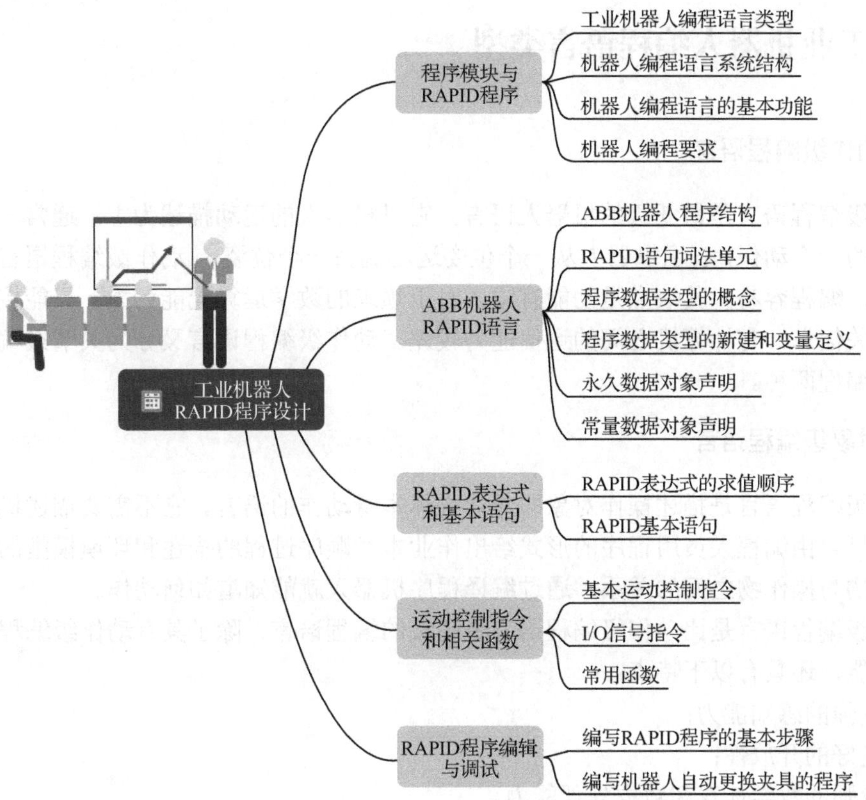

- 工业机器人RAPID程序设计
  - 程序模块与RAPID程序
    - 工业机器人编程语言类型
    - 机器人编程语言系统结构
    - 机器人编程语言的基本功能
    - 机器人编程要求
  - ABB机器人RAPID语言
    - ABB机器人程序结构
    - RAPID语句词法单元
    - 程序数据类型的概念
    - 程序数据类型的新建和变量定义
    - 永久数据对象声明
    - 常量数据对象声明
  - RAPID表达式和基本语句
    - RAPID表达式的求值顺序
    - RAPID基本语句
  - 运动控制指令和相关函数
    - 基本运动控制指令
    - I/O信号指令
    - 常用函数
  - RAPID程序编辑与调试
    - 编写RAPID程序的基本步骤
    - 编写机器人自动更换夹具的程序

3.1 程序模块与 RAPID 程序

3.1.1 工业机器人编程语言类型

1. 动作级编程语言

动作级编程语言是最低级的机器人语言。它以机器人的运动描述为主，通常一条指令对应机器人的一个动作，表示机器人从一个位姿运动到另一个位姿。动作级编程语言的优点是简单易学，编程容易。其缺点是功能有限，对于烦琐的数学运算无能为力，只能接收传感器的简单开关信息，与计算机之间的通信能力较差。动作级编程语言又分为关节级编程和末端执行器级编程两种。

2. 对象级编程语言

对象级编程语言是描述操作对象即作业物体本身动作的语言。它不需要描述机器人手爪的运动，只要由编程人员用程序的形式给出作业本身顺序过程的描述和环境模型的描述，即描述操作物与操作物之间的关系，通过编译程序机器人就能知道如何动作。

对象级编程语言是比动作级编程语言更高级的编程语言，除了具有动作级编程语言的全部动作功能，还具有以下特点：

① 较强的感知能力；

② 良好的开放性；

③ 较强的数学计算和数据处理能力。

3. 任务级编程语言

任务级编程语言是比前两类编程语言更高级的一种语言，也是最理想的机器人语言。这类语言不需要用机器人的动作来描述作业任务，也不需要描述机器人对象物的中间状态过程，只需要按照某种规则描述机器人对象物的初始状态和最终目标状态，机器人语言系统即可利用已有的环境信息和知识库、数据库自动进行推理、计算，从而自动生成机器人详细的动作、顺序和数据。

3.1.2 机器人编程语言系统结构

机器人语言实际上是一个语言系统，包括硬件、软件和被控设备。具体而言，机器人语言系统包括语言本身、机器人控制柜、机器人、作业对象、外围设备等。机器人语言系统如图 3-1 所示，图中的箭头表示信息的流向。

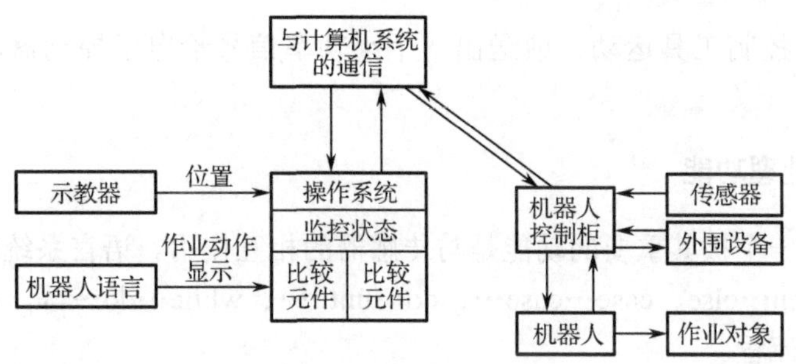

图 3-1　机器人语言系统

机器人语言系统包括 3 个基本的操作状态：监控状态、编辑状态和执行状态。监控状态供操作者实现对整个系统的监督控制。编辑状态供操作者编制程序或编辑程序。执行状态是执行机器人程序的状态。目前，大多数机器人语言允许在程序执行过程中直接返回到监控或编辑状态。

3.1.3　机器人编程语言的基本功能

机器人编程语言的基本功能包括运算、决策、通信等。这些基本功能都是通过机器人系统软件来实现的。

1. 运动功能

机器人语言的一个最基本的功能就是能描述机器人的运动。

2. 运算功能

运算功能是机器人控制系统最重要的功能之一。如果机器人不装传感器，那么就可能不需要对机器人程序进行运算。装有传感器的机器人所进行的一些最有用的运算是解析几何运算。这些运算结果能使机器人自行决定在下一步把末端执行器置于何处。

3. 决策功能

机器人系统能根据传感器的输入信息做出决策，而不用执行任何运算。这种决策能力使机器人控制系统的功能更强。通过一条简单的条件转移指令（如检验零值）就足以执行任何决策算法。

4. 通信功能

机器人系统与操作者之间的通信能力，可使机器人从操作者处获取所需信息，提示操作者下一步要做什么并使操作者知道机器人打算干什么。人和机器人能够通过许多方式进行通信。

5. 工具控制指令功能

工具控制指令通常是由闭合某个开关或继电器而触发的，而开关和继电器又可能使电源接通或断开直接控制工具运动，或送出一个小功率信号给电子控制器，让后者去控制工具运动。

6．传感数据处理功能

机器人语言的一个极其重要的功能是与传感器的相互作用。语言系统能够提供一般的决策结构，如 if…then…else、case…case…、do…until…、while…do…等，以便根据传感器的信息来控制程序的流程。

3.1.4 机器人编程要求

目前，工业机器人常用的编程方法有示教编程和离线编程两种。不管使用何种语言，机器人编程过程都要求能够通过语言进行程序的编译，能够把机器人的源程序转换成机器码，以便机器人控制系统能直接读取和执行。

一般情况下，机器人的编程系统必须做到以下几点。

（1）建立世界坐标系及其他坐标系。

在进行机器人编程时，需要描述物体在三维空间中的运动方式，为了便于描述，需给机器人及其系统中的其他物体建立一个基础坐标系，这个坐标系被称为世界坐标系。

为了方便工作，有时需要建立其他坐标系并进行编程，但是这些坐标系与世界坐标系有且只有一种变换关系。简单来说，这种变换关系一般是由 6 个变量来表示的。机器人编程系统应具有在各种坐标系下描述物体位姿的能力。

（2）描述机器人作业情况。

对机器人作业的描述与其环境模型、编程语言水平有关。现有的机器人语言需要给出作业顺序，由语法和词法定义输入语句，并由它描述整个作业过程。

（3）描述机器人运动。

描述机器人需要进行的运动是机器人编程语言的基本功能之一。用户可以运用语言中的运动语句，与路径规划器连接，规定路径上的点及目标点，决定是否采用点插补运动或直线运动；用户还可以控制运动速度和运动持续时间。

（4）用户规定执行流程。

与一般的计算机编程语言一样，机器人编程系统允许用户规定执行流程，包括转移、循环、调用子程序、中断及程序试运行等。

（5）良好的编程环境。

与计算机系统一样，一个好的编程环境有助于提高程序员的工作效率。良好的编程系统具有的功能包括在线修改和重启、传感器输出和程序追踪、仿真、人机接口和综合传感信号等。

3.2　ABB 机器人 RAPID 语言

3.2.1　ABB 机器人程序结构

在 ABB 机器人中，对机器人进行逻辑、运动及 I/O 控制的编程语言叫作 RAPID。RAPID 是一种英文编程语言，与 VB、C 等计算机编程语言结构类似，其所包含的指令可以实现移动机器人、设置输出、读取输入、决策、重复其他指令、构造程序、与系统操作员交流等功能。

RAPID 语言支持分层编程方案，可为特定机器人系统安装新程序、数据对象和数据类型。此外，RAPID 语言还带有若干强大功能，如对任务和模块进行模块化编程、错误恢复、中断处理等。

ABB 机器人程序由模块（Modules）组成，包括用户建立的模块和系统模块。编写程序时，通过新建模块来构建机器人程序，并可以根据不同的用途建立多个模块。

如图 3-2 所示，ABB 机器人自带两个系统模块，分别是 USER 模块与 BASE 模块，系统模块用于进行机器人系统控制，一般情况下，用户无须修改系统模块。用户建立的模块可以包含 4 种对象：例行程序（Procedure）、程序数据、函数（Function）、中断（Trap），通常需要建立不同的模块来分类管理不同用途的例行程序和程序数据。所有例行程序与程序数据无论存在于哪个模块都可以被其他模块调用，其命名必须是唯一的。在所有模块中，只能有一个例行程序被命名为 main，main 程序存在的模块称为主模块，主模块是机器人程序执行的入口。

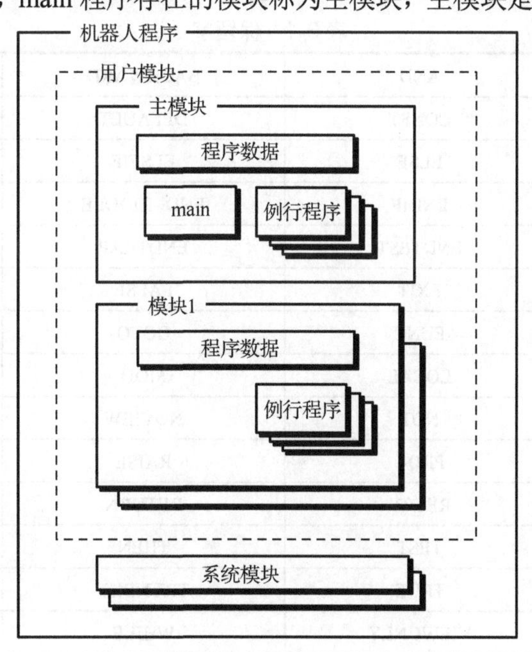

图 3-2　RAPID 程序组成

RAPID 应用被称为一项任务。一项任务包含若干个模块，每一个模块包含一组数据和程序声明。任务缓冲区用于存放系统当前在用（在执行、在开发）的模块。系统模块在系统启动期间自动加载到任务缓冲区，旨在定义或预定义常用的数据对象（工具、焊接数据、移动数据等）、接口（打印机、日志文件）等。

机器人 RAPID 有 3 类程序：有返回值程序、无返回值程序和软中断程序。

（1）有返回值程序将返回特定类型的值，用于表达式中。

（2）无返回值程序不返回任何值，用于语句中。

（3）软中断程序提供中断响应手段。软中断程序可与特定中断关联起来，在发生该中断的情况下被自动执行。

3.2.2 RAPID 语句词法单元

RAPID 语句是一个序列的词法单元，也被称作标记，具体包括标识符、保留字、文字、分隔符、占位符、注释等。除了字符串文字和注释，标记中不得出现空格。RAPID 语句必须用一个或多个空格、Tab、换页符或换行符将标识符、保留字或数字文字与相邻的标识符、保留字或数字文字隔开，也可用一个或多个空格、Tab、换页符或换行符来分隔其他标记组合。

1. 标识符和保留字

标识符用于为对象命名，最大长度为 32 字符。

表 3-1 所示为 RAPID 语言中的保留字。它们在 RAPID 语言中都有特殊意义，因此不能用作标识符。在语法未特别指定的情况下，不得使用保留字。此外，还有许多预定义数据类型名称、系统数据、指令和有返回值程序也不能用作标识符。

表 3-1　保留字

ALIAS	AND	BACKWARD	CASE
CONNECT	CONST	DEFAULT	DIV
DO	ELSE	ELSEIF	ENDFOR
ENDFUNC	ENDIF	ENDMODULE	ENDPROC
ENDRECORD	ENDTEST	ENDTRAP	ENDWHILE
ERROR	EXIT	FALSE	FOR
FROM	FUNC	GOTO	IF
INOUT	LOCAL	MOD	MODULE
NOSTEPIN	NOT	NOVIEW	OR
PERS	PROC	RAISE	READONLY
RECORD	RETRY	RETURN	STEP
SYSMODULE	TEST	THEN	TO
TRAP	TRUE	TRYNEXT	UNDO
VAR	VIEWONLY	WHILE	WITH
XOR			

2．数字文字

数字文字表示数值。常采用科学计数法表示，如 7.823E5=782300，这里 E5 表示 10 的 5 次幂，E 代表英文 Exponent（幂）；又如用两位小数的科学计数格式表示 12345678901，其结果为 1.23E10，即 1.23 乘以 10 的 10 次幂。

3．布尔文字

布尔文字表示逻辑值，它只有 TRUE、FALSE 两个文字。

4．字符串文字

字符串文字是用双引号（"）包围的零个以上字符组成的一个序列。

如果想在字符串文字中插入反斜杠字符或双引号字符，则必须将反斜杠字符或双引号字符书写两次。这是因为一个反斜杠字符表示 ASCII 控制字符，一个双引号字符表示字符串文字结束。

例如：

```
"A string literal"
"Contains a "" character"
"Ends with BEL control character\07"
"Contains a \\ character"
```

5．分隔符

分隔符包含下列字符：

{ } ( ) [ ] , . = < > + - * / : ; ! \ ?

分隔符也可包含下列复合符号：

:= <> >= <=

6．占位符

离线编程工具和在线编程工具可利用占位符（见表 3-2）来临时表示 RAPID 程序中的“未定义”部分。含占位符的程序在语法上是正确的，可加载到任务缓冲区（也可从任务缓冲区中下载保存）。

表 3-2　占位符

占 位 符	描　述
<TDN>	（表示一个）数据类型定义
<DDN>	（表示一个）数据声明
<RDN>	程序声明
<PAR>	参数声明
<ALT>	替代参数声明

续表

占 位 符	描 述
<DIM>	数组维度
<SMT>	语句
<VAR>	数据对象引用（变量、永久数据对象或参数）
<EIT>	if 语句中的 else if 子句
<CSE>	test 语句中的 case 子句
<EXP>	表达式
<ARG>	过程调用参数
<ID>	标识符

7. 注释

注释是对程序代码的解释和说明，使代码更易于阅读与维护。注释以感叹号（!）开头，以换行符结束，但不能包含换行符。注释对 RAPID 代码序列无影响。

每一 RAPID 注释占一整行，可呈现为：

- 类型定义表的一个元素；
- 记录分量表的一个元素；
- 数据声明表的一个元素；
- 程序声明表的一个元素；
- 语句表的一个元素。

在一个模块中，处于最后一个数据声明和第一个程序声明之间的注释将被视作程序声明表的一部分，而处于最后一个数据声明和程序第一个语句之间的注释将被视作语句表的一部分。

例如：

```
! Increase length
length := length + 5;
IF length < 1000 OR length > 14000 THEN
! Out of bounds
EXIT;
ENDIF
...
```

3.2.3 程序数据类型的概念

程序数据类型

程序数据是在程序模块或系统模块中设定的值和定义的一些环境数据。程序数据可由同一个模块或其他模块中的指令引用。

下面这条常用的机器人关节运动指令就调用了 4 个程序数据。

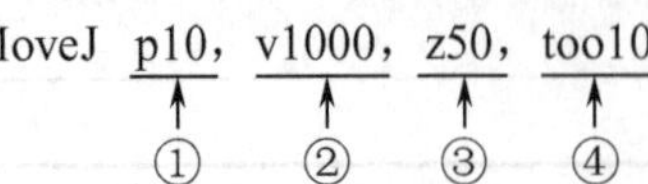

数据类型①为 robtarget，②为 speeddata，③为 zonedata，④为 tooldata，分别表示运动目标位置数据、运动速度数据、运动转弯数据、工具数据 TCP。

程序数据的建立一般分两种形式：一种是直接在示教器中的程序数据画面中建立；另一种是在建立程序指令时，自动生成对应的程序数据。

ABB 机器人中的程序数据有近百个，还可以根据实际情况创建新的程序数据。ABB 机器人根据不同的数据用途定义了不同的程序数据，表 3-3 是部分常用程序数据的说明。

表 3-3　部分常用程序数据的说明

程序数据	说　明	程序数据	说　明
bool	布尔量	byte	整数数据 0～255
clock	计时数据	dionum	数字输入/输出信号
extjoint	外轴位置数据	intnum	中断标识符
jointtarget	关节位置数据	loaddata	负荷数据
mecunit	机械装置数据	num	数值数据
orient	姿态数据	pos	位置数据（只有 x、y 和 z）
pose	坐标转换	robjoint	机器人轴角度数据
robtarget	机器人与外轴的位置数据	speeddata	机器人与外轴的速度数据
string	字符串	tooldata	工具数据
trapdata	中断数据	wobjdata	工件数据
zonedata	TCP 转弯半径数据		

根据表 3-3 中的内容可以总结出 3 种数据类型，分别是 atomic 数据类型、record 数据类型和 alias 数据类型。

1. atomic 数据类型

atomic 数据类型也称原子型，之所以被命名为原子型是因为它们未按其他类型来定义，该数据类型不可分成各个部分或各个分量。原子型数据的内部结构是隐藏的。内置原子型数据有数字型 num 和 dnum、逻辑型 bool 及文本型 string。

（1）num 型。

它表示一个数值，在子域-8388607～+8388608 中，num 型数据可用于表示整数（精确）值。在 num 的整数子域范围内，可用算术运算符+、-和*进行整数运算。

num 型数据的示例及描述如表 3-4 所示。

表 3-4　num 型数据的示例及描述

示　例	描　述
VAR num counter;	变量的声明
counter := 250;	num 文字使用

（2）dnum 型。

它表示一个数值，在子域-4503599627370496～+4503599627370496 中。

（3）bool 型。

它表示一个逻辑值，是一个二值逻辑的域，即真或假。

bool 型数据的示例及描述如表 3-5 所示。

表 3-5　bool 型数据的示例及描述

示　例	描　述
VAR bool active;	变量的声明
active := TRUE;	bool 文字使用

（4）string 型。

它表示一个字符串，包含图形字符和控制字符。字符串的长度为 0～80 字符（固定的 80 字符存储格式）。

string 型数据的示例及描述如表 3-6 所示。

表 3-6　string 型数据的示例及描述

示　例	描　述
VAR string name;	变量的声明
name := "John Smith";	string 文字使用

2．record 数据类型

record 数据类型也称记录型，它是一种带命名有序分量的复合类型。record 数据类型的值为由各分量的值组成的复合值，又称聚合使用。内置记录型数据有 pos 型、orient 型和 pose 型。

（1）pos 型。

它表示在 3D 空间中的矢量（位置）。pos 型数据有 3 个分量，即[x, y, z]，具体表示如表 3-7 所示。

表 3-7　pos 型数据的 3 个分量

组　件	数据类型	描　述
x	num	位置的 x 轴分量
y	num	位置的 y 轴分量
z	num	位置的 z 轴分量

record 值可用聚合表示法来表示，pos 记录的聚合值可以用[300, 500, depth]来表示。record 数据对象的特定分量可用该分量的名称来进行访问，如对 pos 变量 p1 的 x 分量赋值可以用 p1.x := 300 来表示。表 3-8 为 pos 型数据的使用示例及描述。

表 3-8　pos 型数据的使用示例及描述

示　例	描　述
VAR pos p1;	变量的声明
p1 := [10, 10, 55.7];	聚合使用
p1.z := p1.z + 250;	分量使用
p1 := p1 + p2;	运算符使用

（2）orient 型。

它表示在 3D 空间中的方位（旋转）。orient 型数据有 4 个分量，即[q1, q2, q3, q4]。四元数表示法是表示空间方位的最简洁方法。表 3-9 为 orient 型数据的使用示例及描述。

表 3-9　orient 型数据的使用示例及描述

示　例	描　述
VAR orient o1;	变量的声明
o1 := [1, 0, 0, 0];	聚合使用
o1.q1 := −1;	分量使用
o1 := Euler(a1, b1, g1);	带返回值程序 Euler()使用

（3）pose 型。

它表示在 3D 空间中的坐标系。pose 型数据有两个分量，即[trans, rot]，其组件解释如表 3-10 所示。pose 型数据的使用示例及描述如表 3-11 所示。

表 3-10　pose 型数据的组件解释

组　件	数 据 类 型	描　述
trans	pos	平移原点
rot	orient	旋转

表 3-11　pose 型数据的使用示例及描述

示　例	描　述
VAR pose p1;	变量的声明
p1 := [[100, 100, 0], ol];	聚合使用
p1.trans := homepos;	分量使用

需要注意的是：pos 型数据表示空间位置（矢量）；orient 型数据表示在空间中的方位；pose 型数据表示坐标系。对于 wobj 工件坐标来说，pose 代表坐标点的姿态，pos 代表空间坐标的位置。

3．alias 数据类型

alias 数据类型被定义为等同于另一种数据类型。alias 数据类型提供一种对象分类手段。

系统可采用 alias 分类来查找和显示与类型相关的对象。表 3-12 为 alias 数据类型的使用示例及描述。

表 3-12　alias 数据类型的使用示例及描述

示　例	描　述
ALIAS num newtype;	newtype 类型为 num 的别名
CONST level low := 2.5; CONST level high := 4.0;	alias 类型 level 的使用（num 的别名）

一个 alias 数据类型不可在另一个 alias 数据类型基础上进行定义。内置 alias 型数据有 errnum 型和 intnum 型，两者均是 num 型的 alias。errnum 型用于表示错误编号；intnum 型用于表示中断编号。

3.2.4　程序数据类型的新建和变量定义

程序数据类型的新建和变量定义

在示教器中新建程序数据的步骤具体如下。

（1）在主菜单中单击“程序数据”，进入程序数据画面，选择右下角的“视图”选项，再选择“全部数据类型”，进入如图 3-3 所示的全部数据类型画面。

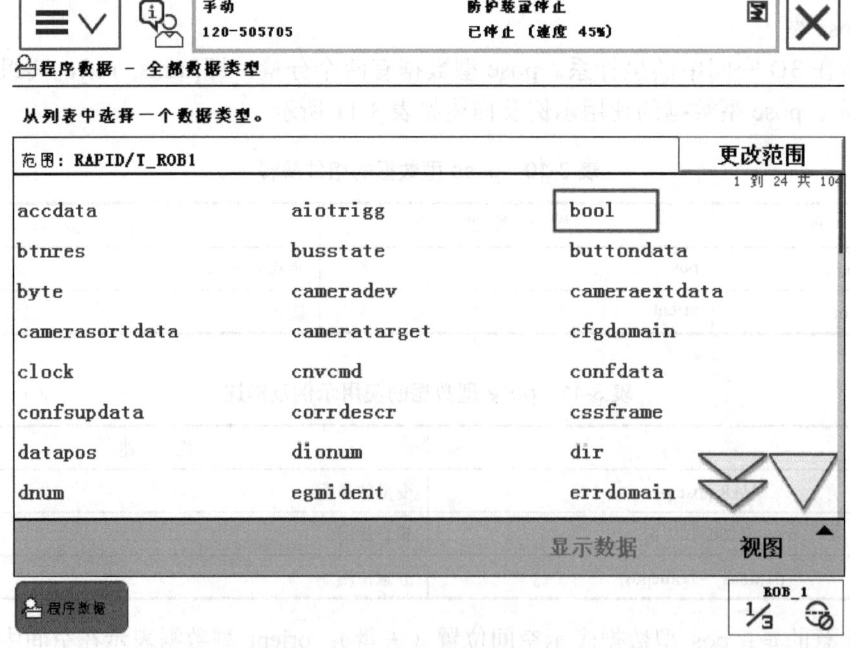

图 3-3　全部数据类型画面

（2）选择“bool”选项，双击显示所有布尔数据，如图 3-4 所示。此时可以单击“新建”按钮，在弹出的新数据声明画面中进行参数设置，如图 3-5 所示，可以设置名称、范围、存储类型、任务、模块、例行程序和维数等。

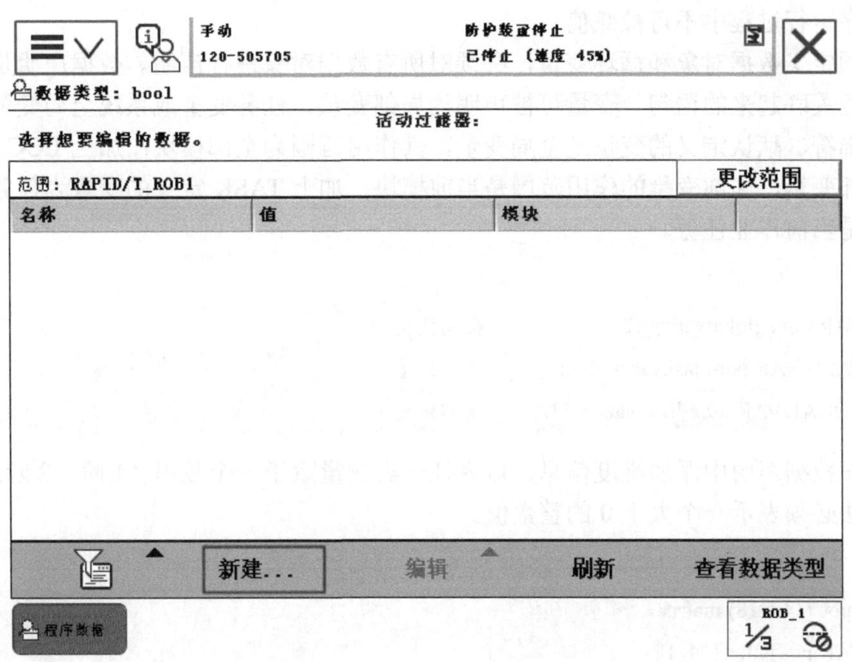

图 3-4　显示所有布尔数据

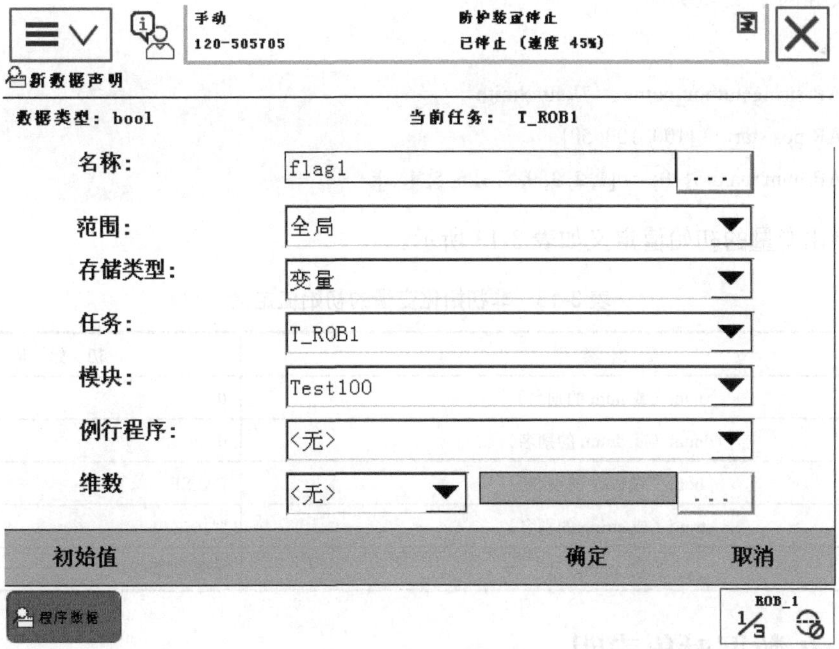

图 3-5　设置数据参数

图 3-5 所示的存储类型共有 4 种，分别是常量（CONST）、变量（VAR）、永久数据对象（PERS）、参数。其中变量在程序运行过程中可以被赋值，但是当程序复位后会变为初始值；永久数据对象是可变量，在程序运行过程中可以被赋值，并且永久保持最后一次赋值结果；

常量在程序运行过程中不可被赋值。

除了预定义数据对象和循环变量，必须对所有数据对象进行声明。数据声明是将标识符与数据类型关联起来的语句。变量可被声明为局部变量、任务变量或系统全局变量。其中不加额外修饰符、默认定义的变量是全局变量，其作用范围为全部模块；加上 LOCAL 定义的变量为局部变量，局部变量的作用范围是当前模块；加上 TASK 定义的变量为任务变量，其作用范围是当前作业任务。

例如：

```
VAR num globalvar := 123;            全局变量
TASK VAR num taskvar := 456;         任务变量
LOCAL VAR num localvar := 789;       局部变量
```

通过在数据声明中添加维度信息，可为任一类变量赋予一个数组（1 阶、2 阶或 3 阶）。维度表示法必须表示一个大于 0 的整数值。

例如：

```
! pos (14 x 18) matrix
VAR pos pallet{14, 18};
```

数值型变量可进行初始化（被赋予初始值）。用于对变量进行初始化的常量表达式的数据类型必须等同于变量类型。

例如：

```
VAR string author_name := "John Smith";
VAR pos start := [100, 100, 50];
VAR num maxno{10} := [1, 2, 3, 9, 8, 7, 6, 5, 4, 3];
```

非初始化变量的初始值定义如表 3-13 所示。

表 3-13 非初始化变量的初始值定义

数 据 类 型	初 始 值
num（或 num 的别名）	0
dnum（或 dnum 的别名）	0
bool（或 bool 的别名）	FALSE
string（或 string 的别名）	""
安装 atomic 型	所有数据位 0'ed

3.2.5 永久数据对象声明

永久数据对象由永久数据对象声明引入。注意，仅可在模块内（不可在程序内）声明永久数据对象。

通过在数据声明中添加维度信息，可为任一类永久数据对象赋予一个数组（1 阶、2 阶或 3 阶）。维度表示法必须表示一个大于 0 的整数值。

例如：

```
! 2 x 2 matrix
PERS num grid{2, 2} := [[0, 0], [0, 0]];
```

永久数据对象可被声明为局部对象、任务全局对象和系统全局对象。局部永久数据对象和任务全局永久数据对象必须进行初始化（被赋予一个初始值）。对系统全局永久数据对象而言，可省去初始值。用于对永久数据对象进行初始化的文字表达式的数据类型必须等同于永久数据对象类型。注意，永久数据对象的值更新会自动引起永久数据对象声明（若未被省去）的初始化表达式更新。

例如：

```
MODULE ...
PERS pos refpnt := [0, 0, 0];
...
refpnt := [x, y, z];
...
ENDMODULE
```

如果执行时变量 x、y 和 z 的值分别为 100.23、778.55 和 1183.98 并且模块被保存，那么被保存的模块将如下所示：

```
MODULE ...
PERS pos refpnt := [100.23, 778.55, 1183.98];
...
refpnt := [x, y, z];
...
ENDMODULE
```

3.2.6　常量数据对象声明

常量代表一个静态值，它由常量声明引入，其值无法修改。常量可被赋予任何数据类型。

例如：

```
CONST num pi := 3.141592654;
CONST num siteno := 9;
```

通过在数据声明中添加维度信息，可为任一类常量赋予一个数组（1 阶、2 阶或 3 阶）。维度表示法必须表示一个大于 0 的整数值。

例如：

```
CONST pos seq{3} := [[614, 778, 1020], [914, 998, 1021], [814, 998,1022]];
```

常量可以表示复杂的数据，例如：

```
CONST robtarget p10:=[[-489.101026376,305.420194692,100.309124401], [0.06986118, -0.000000029, 0.997556723,-0.000000042],[0,0,-1,1],[9E9,9E9,9E9,9E9,9E9,9E9]];
```

该目标点数据里面包含了 4 组数据，从前往后依次为 TCP 位置数据[-489.101026376, 305.420194692,100.309124401]（trans）、TCP 姿态数据[0.06986118, -0.000000029,0.997556723, -0.000000042]（rot）、轴配置数据[0,0,-1,1](robconf)、外部轴数据[9E9,9E9,9E9,9E9,9E9,9E9]（extax）。

3.3 RAPID 表达式和基本语句

3.3.1 RAPID 表达式的求值顺序

表达式指定了对一个值的求值，它可表示为占位符<EXP>。

运算符的优先级决定了求值的顺序，其中圆括号内优先计算。表 3-14 所示为运算符优先级。

表 3-14 运算符优先级

优 先 级	运 算 符
最高	* / DIV MOD
高	+ -
中	< > <> <= >= =
低	AND
最低	XOR OR NOT

先求解优先级较高的运算符的值，再求解优先级较低的运算符的值。优先级相同的运算符则按从左到右的顺序挨个求值。表 3-15 所示为表达式运算示例。

表 3-15 表达式运算示例

表达式示例	求 值 顺 序	备 注
a + b + c	(a + b) + c	从左到右的规则
a + b * c	a + (b * c)	*高于+
a OR b OR c	(a OR b) OR c	从左到右的规则
a AND b OR c AND d	(a AND b) OR (c AND d)	AND 高于 OR
a < b AND c < d	(a < b) AND (c < d)	<高于 AND

3.3.2 RAPID 基本语句

1. 语句的终止标志

除了 if 语句，复合语句均以语句的特定关键字结尾，其中简单语句以分号（;）结尾，标签以冒号（:）结尾，注释以换行符结尾。表 3-16 所示为 RAPID 语句终止的表达方式。

表 3-16　RAPID 语句终止的表达方式

示　例	描　述
WHILE index < 100 DO	WHILE 语句执行条件
! Loop start	换行符将终止一个注释
next:	“:” 将终止一个标签
index := index + 1;	“;” 将终止赋值语句
ENDWHILE	“ENDWHILE” 将终止 WHILE 语句

2. 赋值语句

赋值语句用表达式定义的值去替代变量、永久数据对象或参数（赋值目标）的当前值。赋值目标和表达式必须为同等类型，其示例如表 3-17 所示。注意，赋值目标必须为数值型数据类型。赋值目标可用占位符<VAR>来表示。

表 3-17　赋值示例

示　例	描　述
count := count +1;	整个变量的赋值
home.x := x * sin(30);	分量赋值
matrix{i, j} := temp;	数组元素赋值
posarr{i}.y := x;	数组元素/分量赋值
assignment <VAR> =: temp +5;	占位符使用

3. GOTO 语句

GOTO 语句会使程序在标签位置继续执行。
例如：

```
next:
i := i + 1;
...
GOTO next;
```

4. RETURN 语句

RETURN 语句将终止程序的执行，并在合适时指定一个返回值。一个程序可包含任意数量的 RETURN 语句。RETURN 语句可出现在语句表或程序错误处理的任意地方及复合语句的任何层级。在任务的入口程序中执行 RETURN 语句将终止任务的求值。在软中断程序中执行 RETURN 语句将从中断点重新开始执行。

无返回值程序和软中断程序中的 RETURN 语句不得包含 RETURN 表达式。

例如：

```
FUNC num abs_value (num value)
IF value < 0 THEN
RETURN -value;
ELSE
RETURN value;
ENDIF
ENDFUNC
PROC message ( string mess )
write printer, mess;
RETURN; ! could have been left out
ENDPROC
```

5. EXIT 语句

EXIT 语句用于立即终止任务的执行。利用 EXIT 语句进行任务终止，还将禁止系统自动重启任务的尝试。

例如：

```
TEST state
CASE ready:
...
DEFAULT :
! illegal/unknown state - abort
write console, "Fatal error: illegal state";
EXIT;
ENDTEST
```

6. RETRY 语句

RETRY 语句用于在错误发生后重新开始执行程序，将最先执行（重新执行）引起错误的语句。RETRY 语句仅可出现在程序的错误处理中。

例如：

```
...
! open logfile
open \append, logfile, "temp.log";
```

```
...
ERROR
IF ERRNO = ERR_FILEACC THEN
! create missing file
create "temp.log";
! resume execution
RETRY;
ENDIF
! propagate "unexpected" error RAISE; ENDFUNC
RAISE;
ENDFUNC
```

7. TRYNEXT 语句

TRYNEXT 语句用于在错误发生后重新开始执行程序，将最先执行引起错误的语句的后一条语句。

TRYNEXT 语句仅可出现在程序的错误处理中。

例如：

```
...
! Remove the logfile
delete logfile;
...
ERROR
IF ERRNO = ERR_FILEACC THEN
! Logfile already removed - Ignore
TRYNEXT;
ENDIF
! propagate "unexpected" error
RAISE;
ENDFUNC
```

8. CONNECT 语句

CONNECT 语句用于分配中断编号，将中断编号指定给一个变量或参数（关联目标），再将其与中断程序关联起来。当带该特定中断编号的中断随后发生时，系统将调用被关联的中断程序来对中断做出响应。关联目标可用占位符<VAR>来表示。

CONNECT 目标必须为 num 型数据（或具备 num 的别名），必须作为（或表示）图 3-2RAPID 程序的一个模块变量（非程序变量）。如果将一个参数用作 CONNECT 目标，则该参数必须为 VAR 参数或 INOUT/VAR 参数。分配的中断编号无法“断开”，也无法与另一个中断程序关联起来。同一关联目标不可与同一软中断程序进行不止一次关联。这意味着，同一 CONNECT 语句不可被执行一次以上，在两个相同的 CONNECT 语句（关联目标相同且软中断程序相同）中，只有一个 CONNECT 语句可在一次会话期间被执行。注意，同一软中断程序可关联一个以上的中断编号。

例如：

```
VAR intnum hp;
PROC main()
...
CONNECT hp WITH high_pressure;
...
ENDPROC
TRAP high_pressure
close_valve\fast;
RETURN;
ENDTRAP
```

9. IF 语句和简洁 IF 语句

IF 语句将按一个或多个条件表达式的值对若干语句表中的一个语句表求值，或不对任何语句表求值。条件表达式将连续进行求值，直至其中一个求值为真，再执行相应的语句表。如果没有任何条件表达式求值为真，那么将执行（可选）ELSE 子句。可用占位符<EIT>来表示未定义的 ELSEIF 子句。

例如：

```
IF counter > 100 THEN
counter := 100;
ELSEIF counter < 0 THEN
counter := 0;
ELSE
counter := counter + 1;
ENDIF
```

除了一般的结构化 IF 语句，RAPID 语言还提供了一种简洁 IF 语句。如果条件表达式求值为真，那么简洁 IF 语句将对简单的单个语句进行求值。可用占位符<SMT>来表示未定义的简单语句。

例如：

```
IF ERRNO = escape1 GOTO next;
```

10. FOR 语句

FOR 语句将重复对语句表进行求值，而循环变量将在指定范围内递增或递减。一个可选步骤子句能够选择增量值或减量值。最初，FROM 表达式、TO 表达式和 STEP 表达式将进行求值，并保持其值。它们只求值一次。循环变量以 FROM 值开头。如果未指定 STEP 值，则默认 STEP 值为 1（值域在递减的情况下，为-1）。在每一个（非首个）新循环前，将更新循环变量，并对照值域核实新值。当循环变量的值违背（超出）值域时，将执行后续语句。FROM 表达式、TO 表达式和 STEP 表达式均必须为 num 型数据。

例如：

```
FOR i FROM 10 TO 1 STEP -1 DO
a{i} := b{i};
ENDFOR
```

11．WHILE 语句

只要指定的条件表达式求值为真，WHILE 语句就将重复对语句表进行求值。WHILE 语句在每一次循环前均对条件表达式进行求值和核实。当条件表达式求值为假时，将执行后续语句。

例如：

```
WHILE a < b DO
...
a := a + 1;
ENDWHILE
```

12．TEST 语句

TEST 语句将按表达式的值对若干语句表中的一个语句表求值，或不对任何语句表求值。每一语句表前都跟有一个测试值表，指定选择特定替代项的值。TEST 表达式可以为任何数值型数据类型。测试值的类型必须等同于测试表达式的类型。执行 TEST 语句将选择一项替代项或不选择任何替代项。

在不止一个测试值与测试表达式拟合的情况下，仅第一个测试值会被识别。可用占位符<CSE>来表示未定义的 CASE 子句。如果没有 CASE 子句与测试表达式拟合，那么将对可选默认子句求值。

例如：

```
TEST choice
CASE 1, 2, 3 :
pick number := choice;
CASE 4 :
stand_by;
DEFAULT:
write console, "Illegal choice";
ENDTEST
```

3.4 运动控制指令和相关函数

3.4.1 基本运动控制指令

在“2.4.2 工件搬运过程操作与编程”中介绍了 MoveJ、MoveL、MoveAbsJ 等常见的运动控制指令。表 3-18 所示为基本运动控制指令列表。

表 3-18 基本运动控制指令列表

指　令	说　明
MoveC	机器人作圆弧运动
MoveJ	通过关节移动机器人
MoveL	机器人作直线运动
MoveAbsJ	把机器人移动到绝对轴位置
MoveExtJ	移动一个或多个没有 TCP 的机械单元
MoveCDO	使机器人沿圆周运动，在转角处设置数字信号输出
MoveJDO	通过关节运动移动机器人，在转角处设置数字信号输出
MoveLDO	使机器人沿直线运动，在转角处设置数字信号输出
MoveCSync	使机器人沿圆周运动，并且执行一个 RAPID 程序
MoveJSync	通过关节运动移动机器人，并且执行一个 RAPID 程序
MoveLSync	使机器人沿直线运动，并且执行一个 RAPID 程序

1. MoveC 指令

该指令表示机器人以圆弧方式运动。机器人通过中间点以圆弧方式运动至目标点，当前点、中间点与目标点 3 点决定一段圆弧，机器人运动状态可控制，运动路径保持唯一。MoveC 指令常用于机器人在工作状态移动。圆弧运动路径如图 3-6 所示。

MoveC 指令

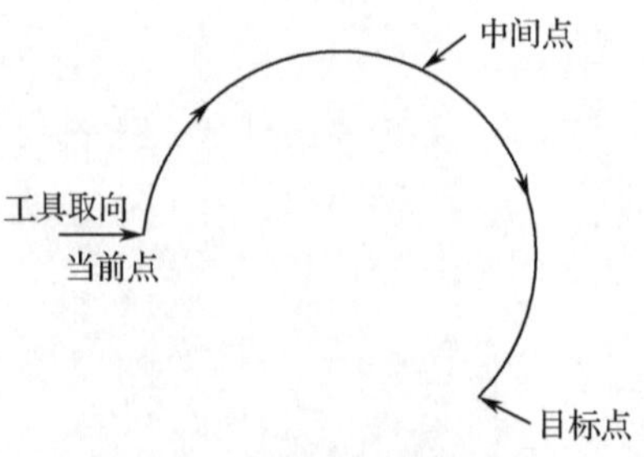

图 3-6 圆弧运动路径

MoveC 指令示例如下：

```
MoveC p30, p40, v1000, z10, tool0\WObj :=wobj0;
```

MoveC 指令各部分的含义如表 3-19 所示。

表 3-19　MoveC 指令各部分的含义

序　号	参　数	说　明
1	MoveC	指令名称：圆弧运行
2	p30	过渡点：数据类型为 robtarget，机器人和外部轴的目标点
3	p40	终止点：数据类型为 robtarget，机器人和外部轴的目标点
4	v1000	速度：数据类型为 speeddata，适用于运动的速度数据。速度数据规定了工具中心点、工具方位调整和外轴的速度
5	z10	转弯半径：数据类型为 zonedata，相关移动的转弯半径。转弯半径描述了所生成拐角路径的大小
6	tool0	工具坐标系：数据类型为 tooldata，移动机械臂时正在使用的工具。工具中心点是指移动至指定目标点的点
7	WObj	工件坐标系：数据类型为 wobjdata，指令中与机器人位置关联的工件坐标系。若省略该参数，则位置坐标以机器人基坐标为准

【例 3-1】 MoveC p1, p2, v500, z30, tool2;

tool2 的 TCP 沿圆周运动到 p2，速度数据为 v500, zone 数据为 z30。圆由开始点、中间点 p1 和目标点 p2 确定。

【例 3-2】 MoveC *, *, v500, fine, grip3;

grip3 的 TCP 沿圆周运动到存储在指令中的 fine 点（第二个*标记），中间点也存储在指令中（第一个*标记）。

【例 3-3】 用 MoveC 画一个完整的圆，如图 3-7 所示。

```
MoveL p1, v500, fine, tool1;
MoveC p2, p3, v500, z20, tool1;
MoveC p4, p1, v500, fine, tool1;
```

2．MoveJ、MoveL 和 MoveC 指令的综合应用

机器人在进行一个画圆动作时其路径如图 3-8 所示，其轨迹如表 3-20 所示。

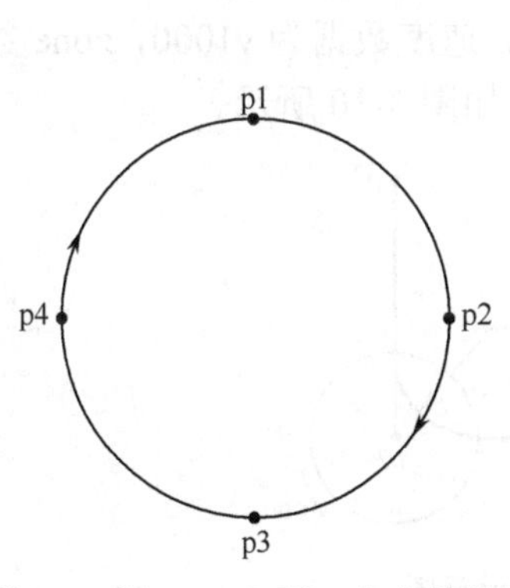

图 3-7　用 MoveC 画一个完整的圆

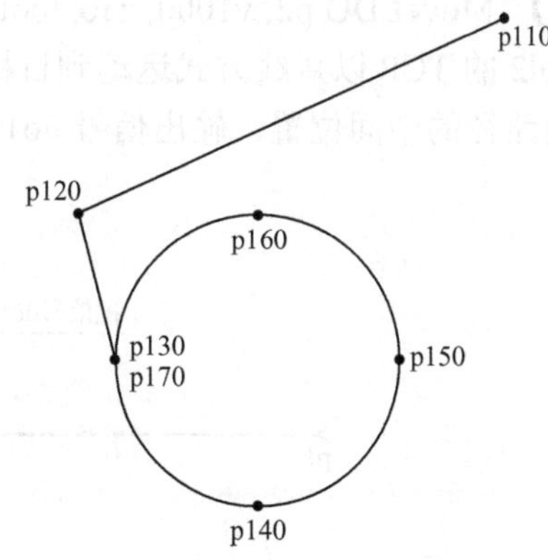

图 3-8　画圆动作时的路径

表 3-20 画圆动作时的轨迹

序　号	目 标 点	指　令	说　明
1	p110	MoveJ	以关节方式运动到 p110，移动安全位置
2	p120	MoveJ	以关节方式运动到 p120，快速运动到起始位置
3	p130	MoveL	以直线方式运动到 p130，慢速运动到圆弧起始点
4	p140，p150	MoveC	以圆弧方式运动到 p140、p150，即圆弧中间点和终点，前半部分圆弧
5	p160，p170	MoveC	以圆弧方式运动到 p160、p170，即圆弧中间点和终点，后半部分圆弧
6	p120	MoveL	以直线方式运动到 p120，快速运动到起始位置
7	p110	MoveJ	以关节方式运动到 p110，移动安全位置

3．MoveLSync 指令

MoveLSync 指令是指使机器人沿直线运动，执行 RAPID 无返回值程序。

【例 3-4】 MoveLSync p1, v1000, z30, tool2, “proc1”;

工具 tool2 的 TCP 沿直线移动到位置 p1，速度数据为 v1000，zone 数据为 z30。在 p1 的转角路径的中间位置，程序 proc1 开始执行，如图 3-9 所示。

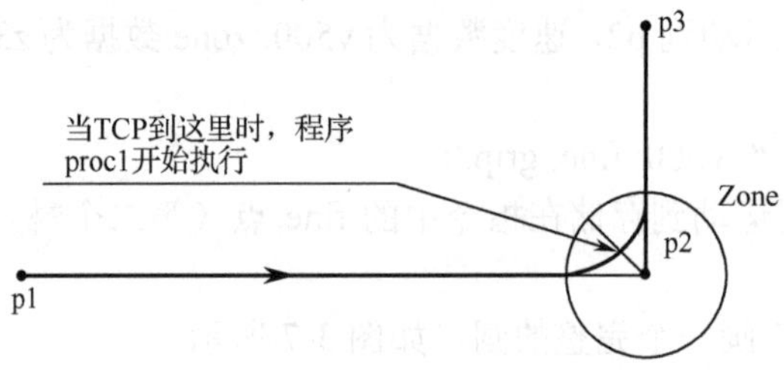

图 3-9 MoveLSync 指令示意图

4．MoveLDO 指令

MoveLDO 指令是指使机器人沿直线运动，在转角处设置数字信号输出。

【例 3-5】 MoveLDO p2, v1000, z30, tool2, do1,1;

工具 tool2 的 TCP 以直线方式运动到目标位置 p2，速度数据为 v1000，zone 数据为 z30。在 p1 的转角路径的中间位置，输出信号 do1 被置位，如图 3-10 所示。

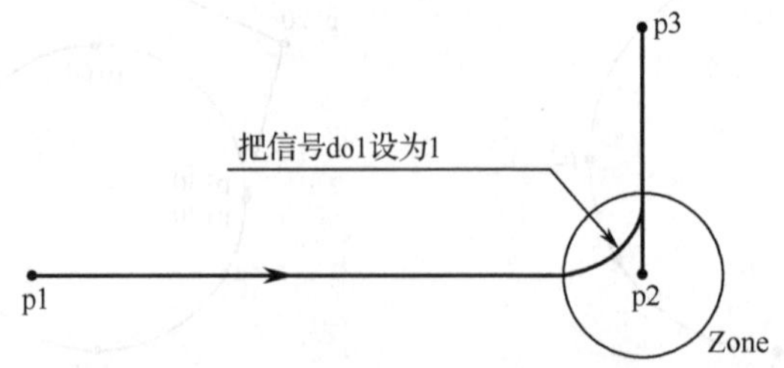

图 3-10 MoveLDO 指令示意图

5. MoveCSync 指令

MoveCSync 指令是指使机器人沿圆周运动，并且执行一个 RAPID 无返回值程序。

【例 3-6】 MoveCSync p1, p2, v500, z30, tool2, “proc1”;

工具 tool2 的 TCP 沿圆周移动到位置 p2，速度数据为 v500，zone 数据为 z30。圆周由开始点、圆周点 p1 和目标点 p2 确定。在 p2 的转角路径的中间位置，程序 proc1 开始执行。

6. MoveCDO 指令

MoveCDO 指令是指使机器人沿圆周运动，在转角处设置数字信号输出。

【例 3-7】 MoveCDO p1, p2, v500, z30, tool2, do1, 1;

工具 tool2 的 TCP 沿圆周移动到位置 p2，速度数据为 v500，zone 数据为 z30。圆周由开始点、圆周点 p1 和目标点 p2 确定。在 p2 的转角路径的中间位置，输出信号 do1 被置位。

7. MoveJSync 指令

MoveJSync 指令是指通过关节运动移动机器人，并且执行一个 RAPID 无返回值程序。

【例 3-8】 MoveJSync p1, vmax, z30, tool2, “proc1”;

工具 tool2 的 TCP 沿着一个非线性路径移动到位置 p1，速度数据为 vmax，zone 数据为 z30。在 p1 的转角路径的中间位置，程序 proc1 开始执行。

8. MoveJDO 指令

MoveJDO 指令是指通过关节运动移动机器人，在转角处设置数字信号输出。

【例 3-9】 MoveJDO p2, v1000, z30, tool2, do1, 1;

工具 tool2 的 TCP 沿着一个非线性路径移动到目标位置 p2，速度数据为 v1000，zone 数据为 z30。在 p2 的转角路径的中间位置，输出信号 do1 被置位。

9. Offs 函数与基本运动控制指令的结合使用

Offs 函数的使用

在 ABB 机器人中，偏移不是一个指令，而是一个 Offs 函数。例如：

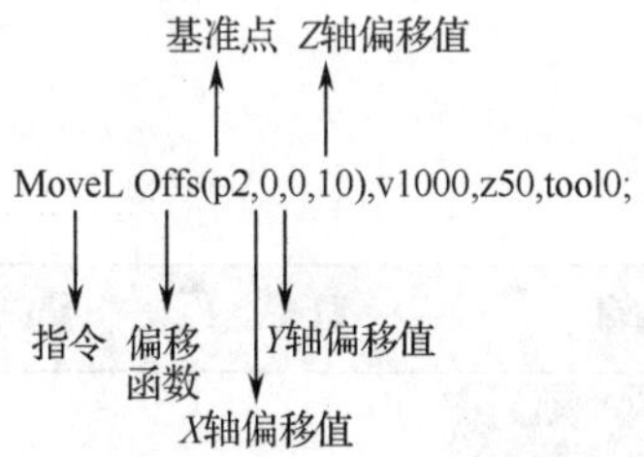

上述指令的含义是将机器人移动至距位置 p2（沿 Z 轴方向）10 mm 的地方。

在示教器中编写这条指令的步骤如下所述。

（1）添加如图 3-11 所示的 Lc001 例行程序。选择“添加指令”，单击 MoveL 指令，出现如图 3-12 所示的指令行。

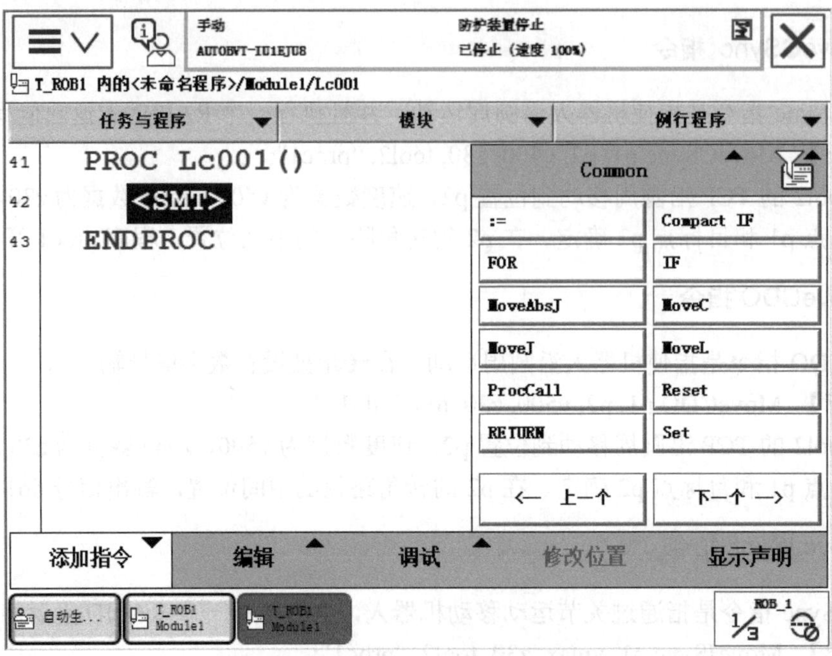

图 3-11　添加例行程序

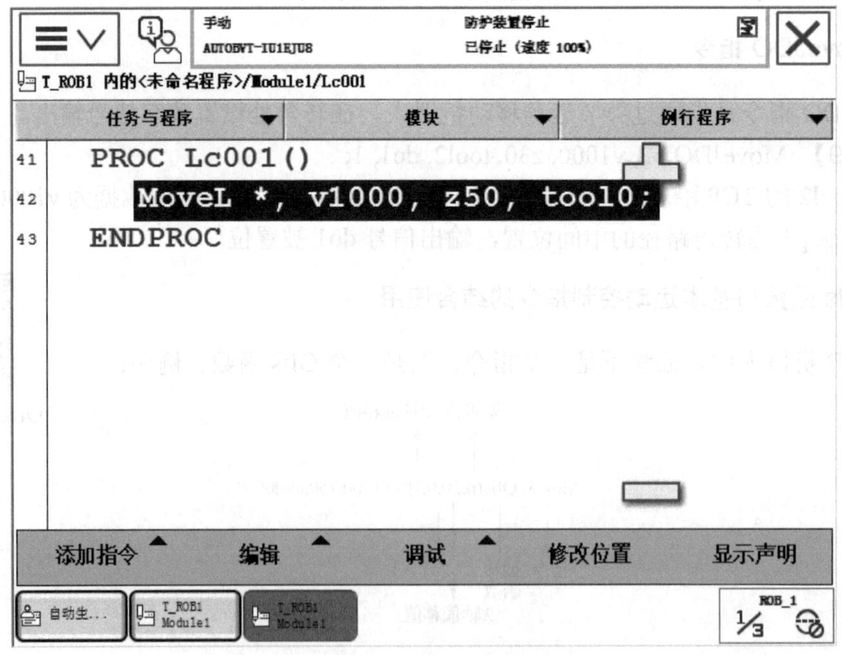

图 3-12　MoveL 指令行

（2）双击“*”后进入如图 3-13 所示的程序数据编辑窗口，在图 3-13 中选择“Offs”功能。

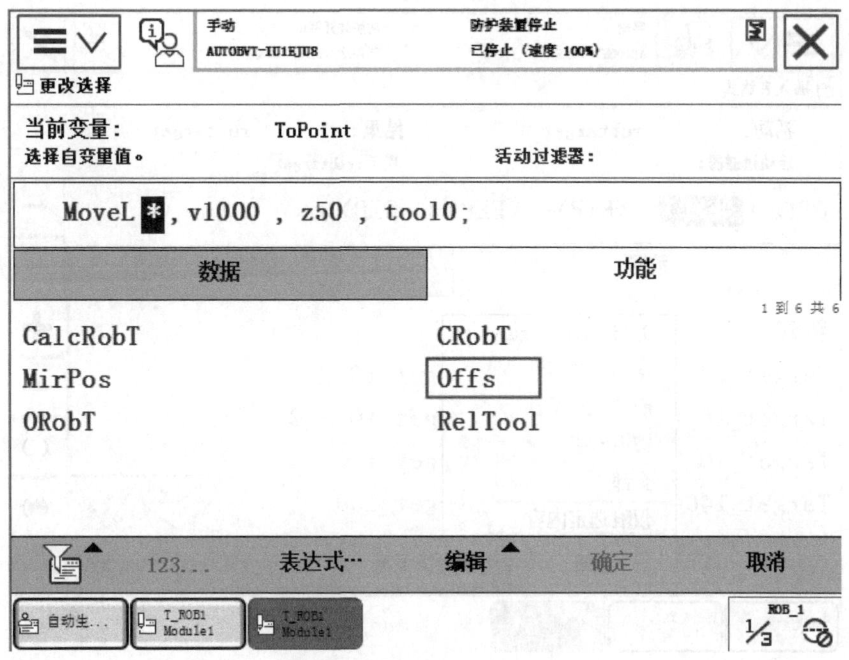

图 3-13　程序数据编辑窗口

（3）此时弹出如图 3-14 所示的“Offs (<EXP>，<EXP>，<EXP>，<EXP>)”表达式。在“编辑”菜单下选择“仅限选定内容”，如图 3-15 所示，分别输入“p2”“0”“0”“10”后，就完成了本次指令行的输入，如图 3-16 所示。

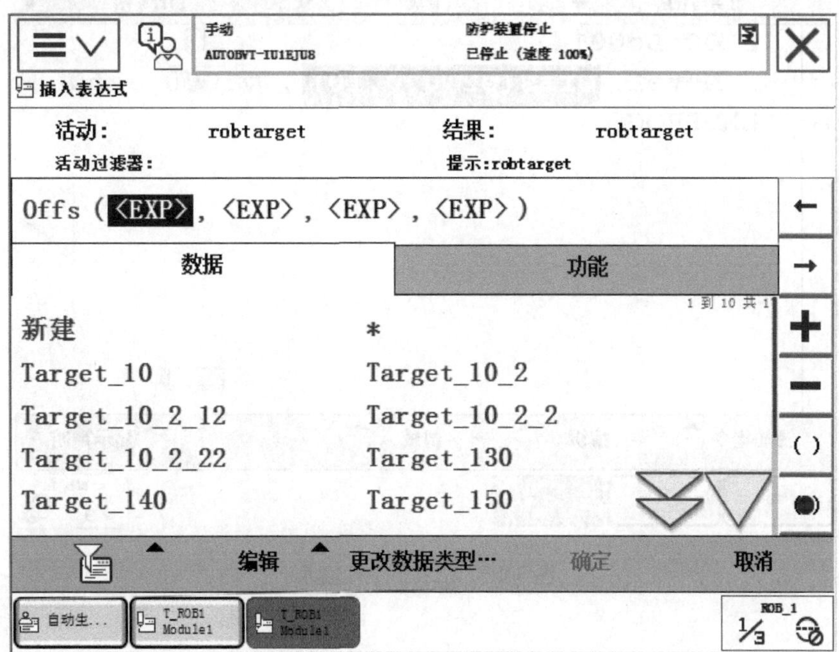

图 3-14　Offs 函数表达式

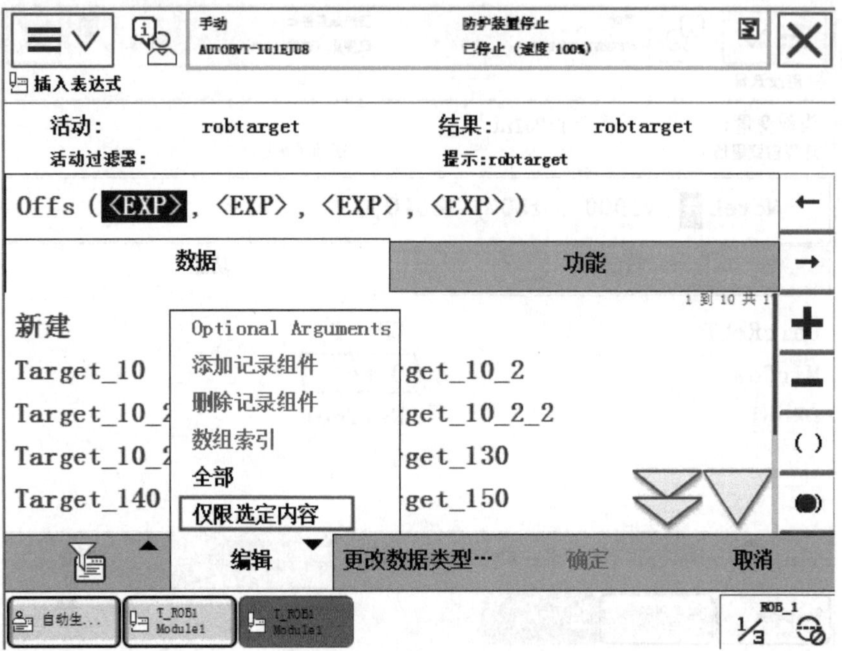

图 3-15　在“编辑”菜单下选择“仅限选定内容”

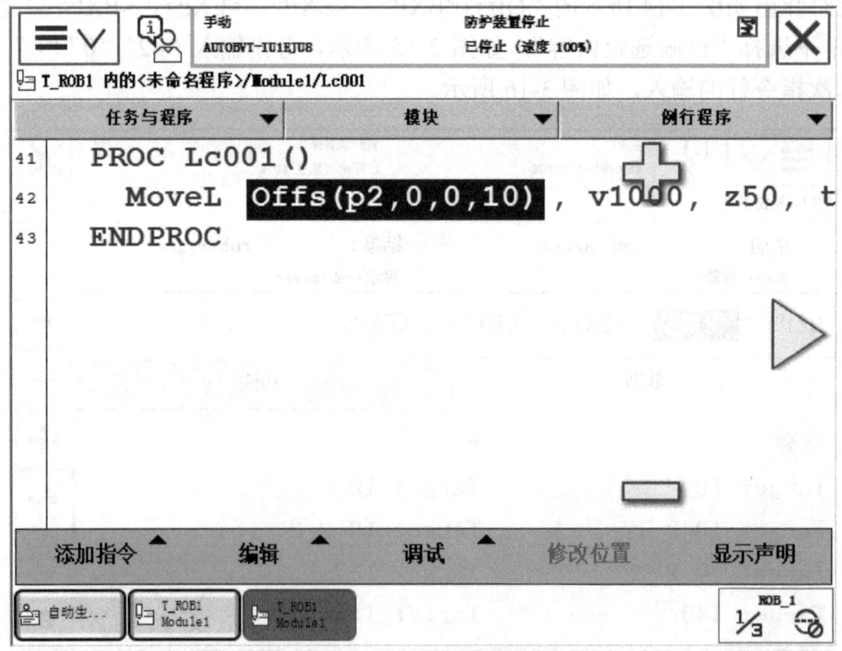

图 3-16　完成指令行输入

3.4.2　I/O 信号指令

1. 设置 I/O 信号指令

设置 I/O 信号指令如表 3-21 所示。

表 3-21　设置 I/O 信号指令

指　　令	说　　明
InvertDO	对一个数字输出信号的值置反
PulseDO	输出数字脉冲信号
Reset	将数字输出信号置 0
Set	将数字输出信号置 1
SetAO	设定模拟输出信号的值
SetDO	设定数字输出信号的值
SetGO	设定组输出信号的值

2. 读取 I/O 信号指令

读取 I/O 信号指令如表 3-22 所示。

表 3-22　读取 I/O 信号指令

功　　能	说　　明
AOutput	读取模拟输出信号的当前值
DOutput	读取数字输出信号的当前值
GOutput	读取组输出信号的当前值
TestDI	检查一个数字输入信号是否已置 1
ValidIO	检查 I/O 信号是否有效

3. 等待 I/O 信号指令

等待 I/O 信号指令如表 3-23 所示。

表 3-23　等待 I/O 信号指令

指　　令	说　　明
WaitDI	等待一个数字输入信号的指定状态
WaitDO	等待一个数字输出信号的指定状态
WaitGI	等待一个组输入信号的指定值
WaitGO	等待一个组输出信号的指定值
WaitAI	等待一个模拟输入信号的指定值
WaitAO	等待一个模拟输出信号的指定值

【例 3-10】 I/O 信号语句示例。

```
Set do10_1;              !设置 do10_1=1
Reset do10_1;            !设置 do10_1=0
WaitDI di10_1,1;         !等待 di10_1=1
WaitDO do10_1,1;         !等待 do10_1=1
```

4. I/O 模块的控制指令

I/O 模块的控制指令如表 3-24 所示。

表 3-24　I/O 模块的控制指令

指　　令	说　　明
IODisable	关闭一个 I/O 模块
IOEnable	开启一个 I/O 模块

3.4.3　常用函数

1. 简单运算函数

简单运算函数如表 3-25 所示。

表 3-25　简单运算函数

函 数 名	说　　明
Clear	清空数值
Add	加操作
Incr	加 1 操作
Decr	减 1 操作

（1）相加指令 Add。

格式：Add 表达式 1，表达式 2;

作用：将表达式 1 与表达式 2 的值相加后赋值给表达式 1，相当于赋值指令，即

表达式 1：=表达式 1+表达式 2;

【例 3-11】 Add reg1，3;

3 与 reg1 相加后赋值给 reg1，即 reg1=reg1+3。

【例 3-12】 Add reg1，-reg2

从 reg1 中减去 reg2，即 reg1=reg1−reg2。

（2）自增指令 Incr。

格式：Incr 表达式 1;

作用：将表达式 1 的值自增 1 后赋值给表达式 1，即

表达式 1：=表达式 1+1；

【例 3-13】 Incr reg1；

等价于 reg1：=reg1+1。

（3）自减指令 Decr。

格式：Decr 表达式 1；

作用：将表达式 1 的值自减 1 后赋值给表达式 1，即

表达式 1：=表达式 1-1；

【例 3-14】 Decr　reg1；

等价于 reg1：=reg1-1。

（4）清零指令 Clear。

格式：Clear　表达式 1；

作用：将表达式 1 的值清零，即

表达式 1：=0；

【例 3-15】 Clear　reg1；

等价于 reg1:=0。

2．算术运算函数

算术运算函数如表 3-26 所示。

表 3-26　算术运算函数

函　数　名	说　　明
Abs	取绝对值
Round	四舍五入
Trunc	舍位操作
Sqrt	计算二次根
Exp	计算指数值 e^x
Pow	计算任意基底的指数值
ACos	计算圆弧余弦值
ASin	计算圆弧正弦值
ATan	计算圆弧正切值[-90,90]
ATan2	计算圆弧正切值[-180,180]
Cos	计算余弦值
Sin	计算正弦值
Tan	计算正切值
EulerZYX	用姿态计算欧拉角
OrientZYX	用欧拉角计算姿态

3. 位运算函数

位运算函数如表 3-27 所示。

表 3-27　位运算函数

函　数　名	说　　明
BitClear	清除某一已定义字节或 dnum 数据中的一个特定位
BitSet	将某一已定义字节或 dnum 数据中的一个特定位设为 1
BitAnd	执行一次逻辑逐位与（AND）运算
BitCheck	检查已定义字节数据中的某个指定位是否被设为 1
BitNeg	执行一次逻辑逐位非（NEGATION）运算
BitOr	执行一次逻辑逐位或（OR）运算
BitLSh	执行一次逻辑逐位左移（LEFTSHIFT）运算

4. 字符串运算函数

字符串运算函数如表 3-28 所示。

表 3-28　字符串运算函数

函　数　名	说　　明
StrLen	查找字符串长度
StrPart	获取部分字符串
StrFind	在字符串中搜索字符
StrOrder	检查字符串是否有序
NumToStr	将一个数值转换为一段字符串
ValToStr	将一个值转换为一段字符串
StrToVal	将一段字符串转换为一个值
StrToByte	将一段字符串转换为一个字节
DecToHex	将十进制可读字符串中指定的一个数字转换成十六进制

5. 位置函数

位置函数如表 3-29 所示。

表 3-29　位置函数

函　数　名	说　　明
Offs	设置机器人位置偏移
RelTool	对工具的位置和姿态进行偏移
CalcRobT	根据 jointtarget 计算出 robtarget
CPos	读取机器人当前的 X、Y、Z 位置信息
CRobT	读取机器人当前的 robtarget
CJointT	读取机器人当前的关节轴角度

续表

函 数 名	说　明
ReadMotor	读取轴电机当前的角度
CTool	读取工具坐标当前的数据
CWObj	读取工件坐标当前的数据
MirPos	镜像一个位置
CalcJointT	根据 robtarget 计算出 jointtarget
Distance	计算两个位置的距离
PFRestart	检查重启中断事件
CSpeedOverride	读取当前使用的速度倍率

3.5　RAPID 程序编辑与调试

3.5.1　编写 RAPID 程序的基本步骤

编写 RAPID 程序的基本步骤如下。

（1）确定需要多少个程序模块。程序模块的数量取决于应用的复杂性，可以根据情况把位置计算、程序数据、逻辑控制等分配到不同的程序模块中，方便后期管理和使用。

（2）确定各个程序模块中要建立的例行程序，将不同的功能放到不同的程序模块中，如对于夹具打开、关闭可以分别建立例行程序，方便后续调用。

RAPID 程序模块的结构如图 3-17 所示。

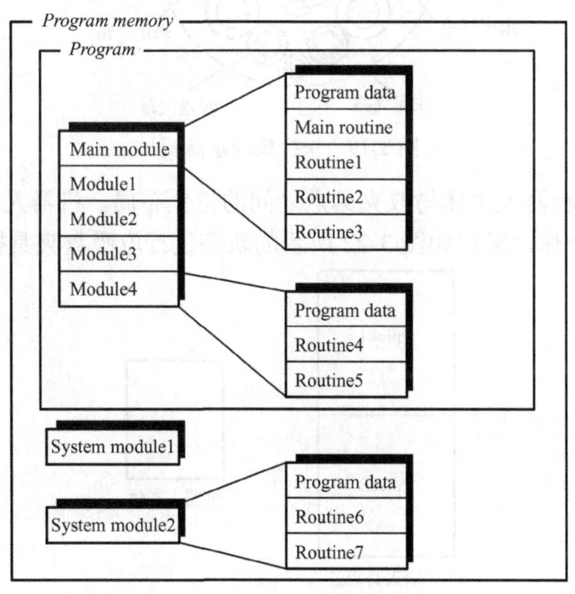

图 3-17　RAPID 程序模块结构

3.5.2 编写机器人自动更换夹具的程序

机器人自动更换夹具

1. 自动更换夹具说明

在使用机器人对汽车轮毂进行搬运、打磨的过程中，经常需要进行夹具的自动更换，如图 3-18 所示为快换模块法兰端与两种夹具结合示意图。图 3-19 是安装在机器人第 6 轴上的快换模块示意图。

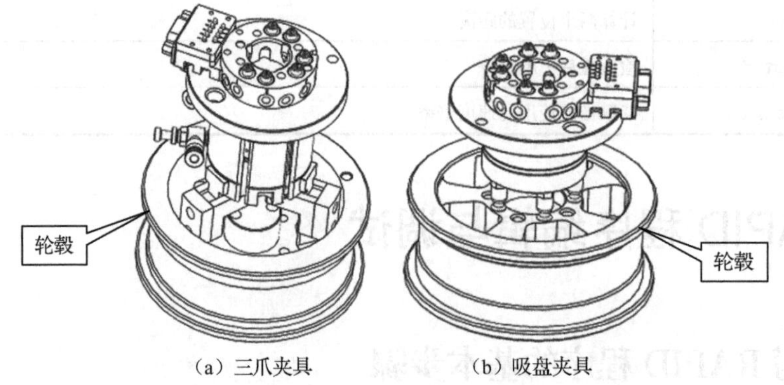

图 3-18 快换模块法兰端与两种夹具结合示意图

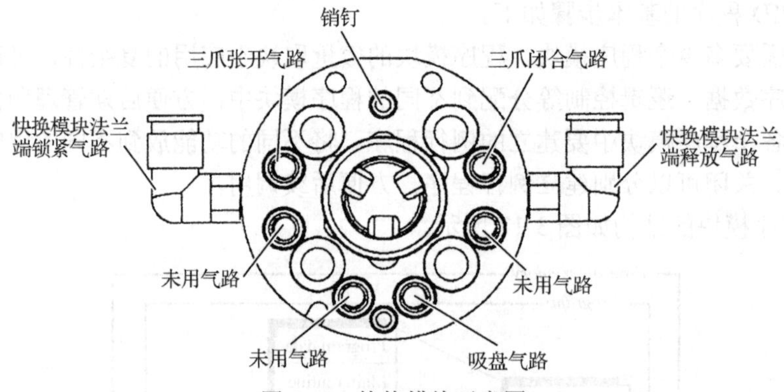

图 3-19 快换模块示意图

如图 3-20 所示为机器人本体与取夹具点之间的位置布局。机器人采用如图 3-21 所示的轨迹进行取三爪夹具操作，采用如图 3-22 所示的轨迹进行取吸盘夹具操作。

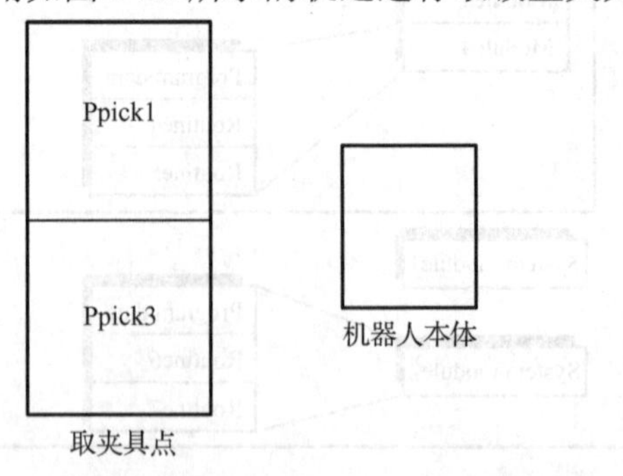

图 3-20 机器人本体与取夹具点之间的位置布局

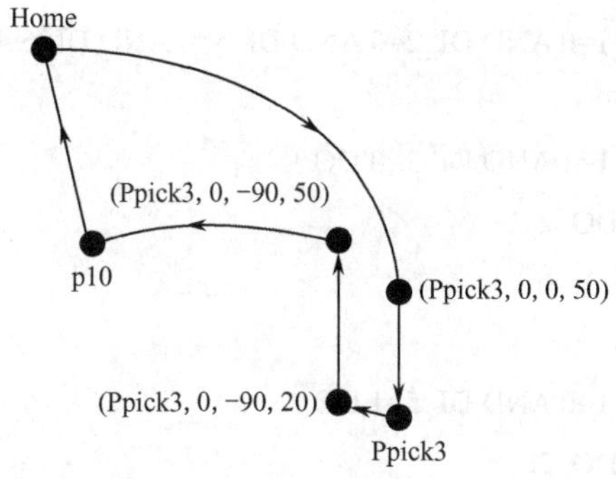

图 3-21　机器人取三爪夹具轨迹

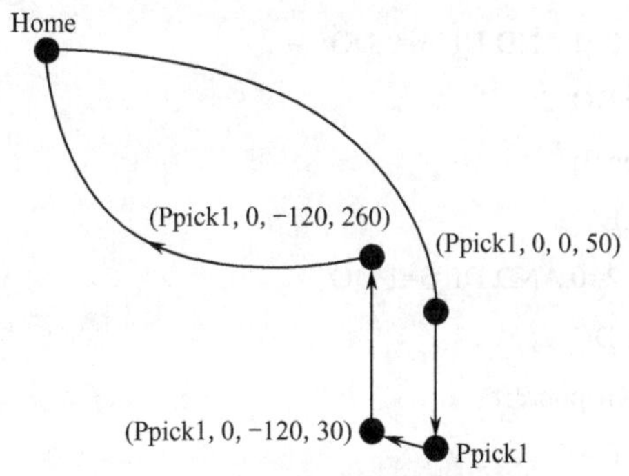

图 3-22　机器人取吸盘夹具轨迹

预先定义了 4 个点，分别是 Home（机器人初始位置）、Ppick3（取三爪夹具点）、Ppick1（取吸盘夹具点）和 P10（过渡点）。机器人的 I/O 定义如表 3-30 所示。

表 3-30　机器人的 I/O 定义

输　入	定　义	输　出	定　义
DI_1	取吸盘夹具命令	DO_1	快换模块法兰端锁紧（0）/释放（1）
DI_2	取三爪夹具命令	DO_2	生产线运行联锁，即停止信号
DI_3	吸盘夹具放到原位		
DI_4	三爪夹具放到原位		
DI_5	放吸盘夹具命令		
DI_6	放三爪夹具命令		

2．根据轨迹设计机器人程序

编写机器人主程序及取夹具和放夹具子程序。

（1）机器人主程序。

```
PROC main( )
    MoveAbsJ Home\NoEOffs, v200, z50,tool0;
    WHILE TRUE DO
```

```
            WHILE DI_1=0 AND DI_2=0 AND DI_5=0 AND DI_6=0 DO
            ENDWHILE
            WHILE DI_1=1 AND DI_5=0 DO
                Reset DO_2;
                Gripper1;
            ENDWHLE
            WHILE DI_1=0 AND DI_5=1 DO
                Reset DO_2;
                placeGripper1;
            ENDWHLE
            WHLE DI_2=1 AND DI_6=0 DO
                Reset DO_2;
                Gripper3;
            ENDWHILE
            WHLE DI_2=0 AND DI_6=1 DO
                Reset DO_2;
                placeGripper3;
            ENDWHILE
        ENDWHILE
    ENDPROC
```

（2）机器人取吸盘夹具子程序。

```
    PROC Gripper1( )
        MoveJ Offs(Ppick1,0 ,0,50)， v200 , z60 , tool0;
        Set DO_1;
        MoveL Offs(Ppick1,0 ,0,0), v20 , fine, tool0;
        Reset DO_1;
        WaitTime 1;
        MoveL Offs(Ppick1,-3,-120,30) , v50, z60 , tool0;
        MoveL Offs(Ppick1,-3,-120,260),v100, z60 , tool0;
    ENDPROC
```

（3）机器人放吸盘夹具子程序。

```
    PROC placeGripper1( )
        MoveJ Offs(Ppick1,-3,-120,220) ,v200 , z100, tool0;
        MoveL Offs(Ppick1, 0, -120, 20) ,v100, z100, tool0;
        MoveL Offs(Ppick 1, 0, 0 ,0), v60 , fine , tool0;
        Set DO_1;
```

```
        WaitTime 1;
        MoveL Offs(Ppick1 ,0 ,0,40), v30, z100, tool0;
        MoveL Offs(Ppick1 ,0 ,0,50), v60 ,z100 ,tool0;
        Reset DO_1;
        IF DI_3=0 THEN
            MoveJ Home,v200, z100,tool0;
        ENDIF
    ENDPROC
```

（4）机器人取三爪夹具子程序。

```
    PROC Gripper3( )
        MoveJ Offs( Ppick3 ,0, -100, 200), v200, z60, tool0;
        MoveJ Offs( Ppick3, 0, 0, 50), v200, z60, tool0;
        Set DO_1;
        MoveL Offs( Ppick3, 0, 0, 0), v40, fine, tool0;
        Reset DO_1;
        WaitTime 1;
        MoveL Offs( Ppick3,-3,-90 ,20), v50, z100, tool0;
        MoveL Offs( Ppick3, -3, -90, 150), v100, z60, tool0;
        MoveJ Home ,v200 , z100，tool0;
    ENDPROC
```

（5）机器人放三爪夹具子程序。

```
    PROC placeGripper3( )
        MoveJ Offs(Ppick3,-2.5, -120 ,200), v200, z100, tool0;
        MoveL Offs(Ppick3,-2.5, -120,20), v100, z100, tool0;
        MoveL Offs(Ppick3, 0,0,0)，v40, fine，tool0;
        Set DO_1;
        WaitTime 1;
        MoveL Offs(Ppick3 ,0,0 ,40) ,v30, z100, tool0;
        MoveL Offs(Ppick3 ,0,0 ,50) ,v60, z100, tool0;
        Reset DO_1;
        IF DI_4=0 THEN
            MoveJ Home,v200, z100,tool0;
        ENDIF
    ENDPROC
```

3．机器人程序示教

程序下载完毕后，用示教器进行 Home 等 4 个点的示教。

【思考与练习】

1．选择题

（1）以下不属于机器人语言的基本功能的是（　　）。

A．运动功能　　B．运算功能　　C．决策功能　　D．监控功能

（2）不可以作为标识符的是（　　）。

A．ENDIF　　B．TRUE　　C．FUNC1　　D．1

（3）以下不属于 atomic 数据类型的是（　　）。

A．pos 型　　B．num 型　　C．bool 型　　D．string 型

（4）以下关于 RAPID 程序语言的描述错误的是（　　）。

A．! Increase length 表示注释语句

B．标识符区分大小写

C．pose 型数据有 trans 和 rot 两个分量

D．表达式可用占位符<EXP>表示

2．请用基本运动控制指令来编程，即以 P1 为圆的起点、50mm 为半径在水平面上画圆（见图 3-23）。

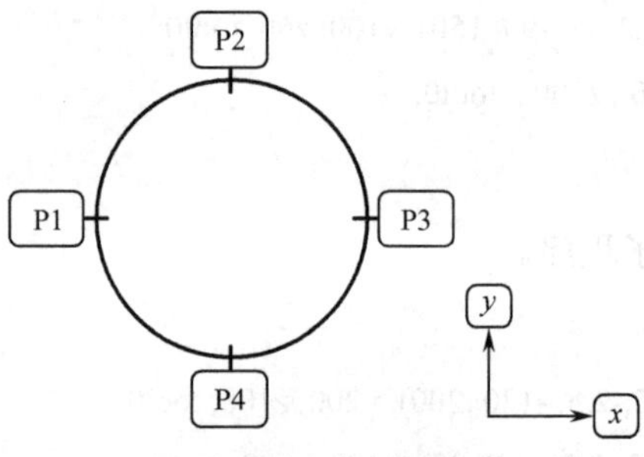

图 3-23　题 2 图

3．请用偏移函数 Offs 画一个长和宽均为 300mm 的正方形轨迹（见图 3-24），其中 P1 为示教的位置点（偏移基准点）。

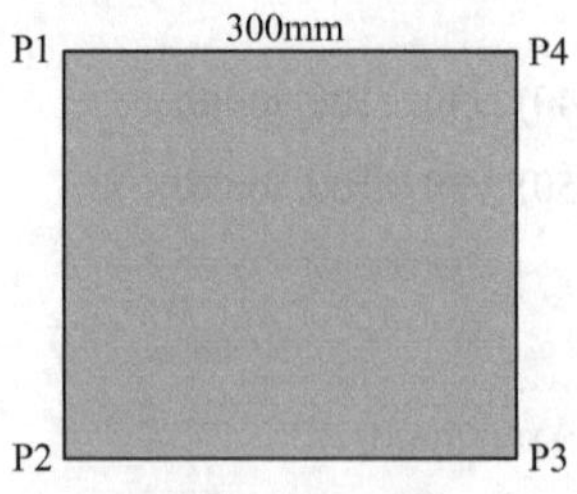

图 3-24　题 3 图

4．请根据要求编写 RAPID 程序。如图 3-25 所示，机器人空闲时在位置点 pHome 处等待。当外部输入信号 di1 为 1 时，机器人沿着工件的一条边从 p10 走到 p20，结束后回到 pHome 处。

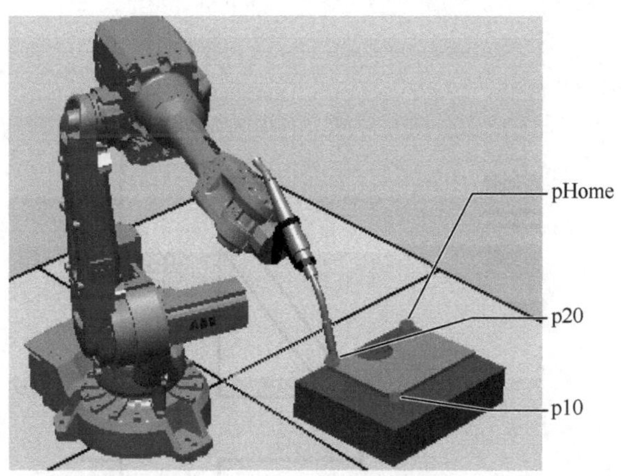

图 3-25　题 4 图

5．某涂胶线路为从 p10 经 p20、p30 到达 p40，请完成机器人 RAPID 编程，其中 p10 与 p20 的直线距离是 20cm，从 p20 到 p30 的直线距离为 30cm，从 p30 到 p40 是半圆路线，直径为 20cm。

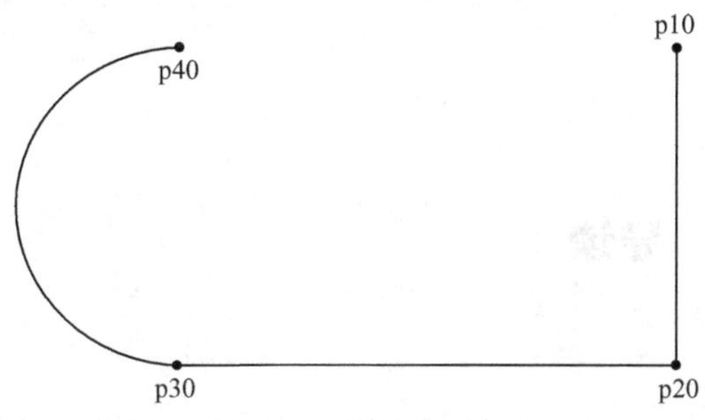

图 3-26　题 5 图

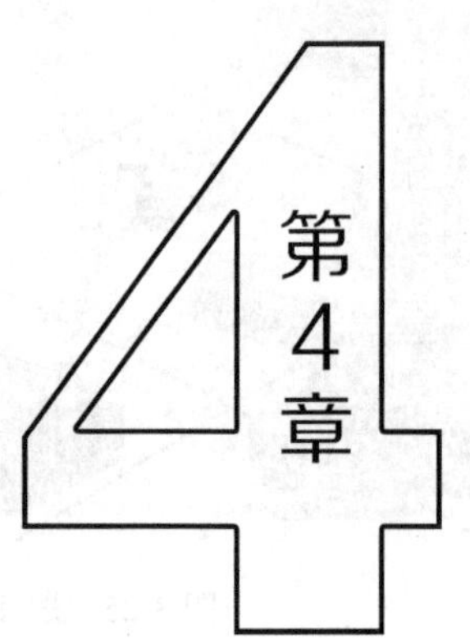

ABB 机器人联机与高级编程

导读

RobotStudio 是针对 ABB 机器人开发的模拟仿真软件，可用于 ABB 所有的机器人，能模拟示教器，其功能与真实的示教器功能一样，操作一致。使用 RobotStudio 进行模拟仿真、编程调试，其效果和示教器效果是一致的。RobotStudio 软件可以通过“一键连接”与实际的机器人进行在线连接，并支持程序修改和实时下载。本章介绍了使用 RobotStudio 软件的一般过程，包括搭建工作站和解包已有工作站、创建工具坐标与工件坐标、创建路径、调试路径、仿真运行等，还介绍了常用于出错处理、外部信号响应的中断程序(TRAP)，最后通过机器人打磨和机器人码垛两个实例介绍机器人系统的构建、流程图绘制和程序编写流程。

知识图谱

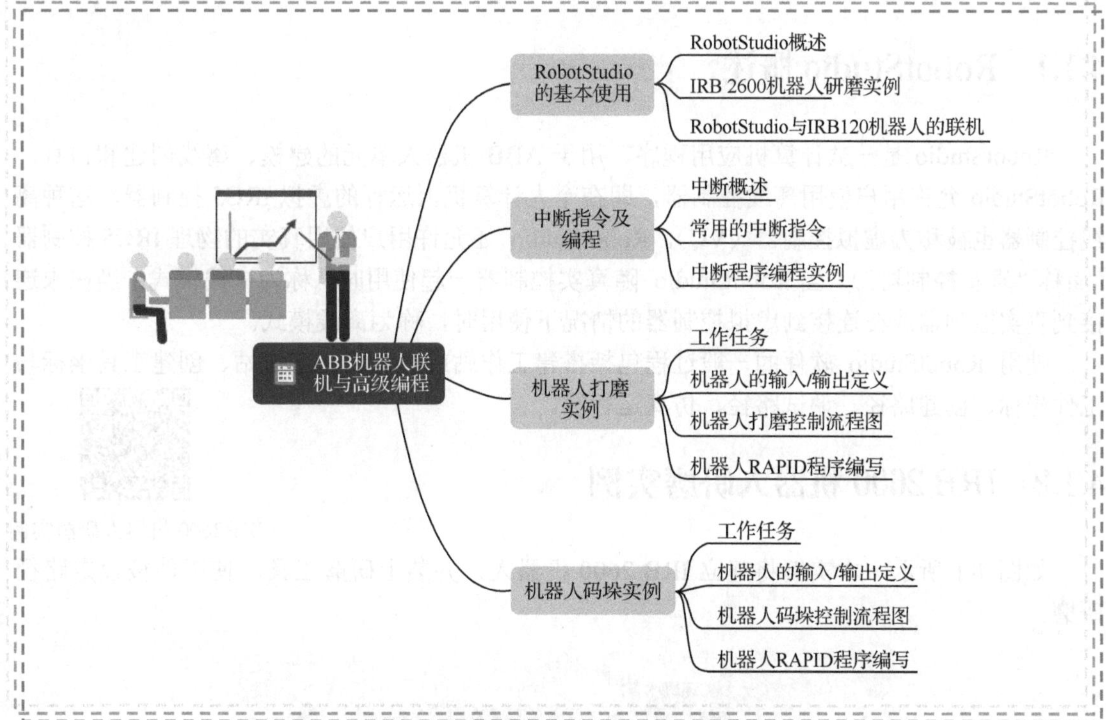
ABB机器人联机与高级编程
RobotStudio的基本使用
RobotStudio概述
IRB 2600机器人研磨实例
RobotStudio与IRB120机器人的联机
中断指令及编程
中断概述
常用的中断指令
中断程序编程实例
机器人打磨实例
工作任务
机器人的输入/输出定义
机器人打磨控制流程图
机器人RAPID程序编写
机器人码垛实例
工作任务
机器人的输入/输出定义
机器人码垛控制流程图
机器人RAPID程序编写

4.1 RobotStudio 的基本使用

4.1.1 RobotStudio 概述

RobotStudio 是一款计算机应用程序，用于 ABB 机器人单元的建模、离线创建和仿真。RobotStudio 允许用户使用离线控制器，即在个人计算机上运行的虚拟 IRC5 控制器，这种离线控制器也被称为虚拟控制器（VC）。RobotStudio 还允许用户使用真实的物理 IRC5 控制器（简称“真实控制器”）。当 RobotStudio 随真实控制器一起使用时，称为在线模式；当在未连接到真实控制器或在连接到虚拟控制器的情况下使用时，称为离线模式。

使用 RobotStudio 软件的一般过程包括搭建工作站或解包已有工作站、创建工具坐标与工件坐标、创建路径、调试路径、仿真运行等。

4.1.2 IRB 2600 机器人研磨实例

IRB2600 机器人研磨实例

如图 4-1 所示，本实例将建立 IRB 2600 机器人，并装上研磨工具，使工件按设定路径研磨。

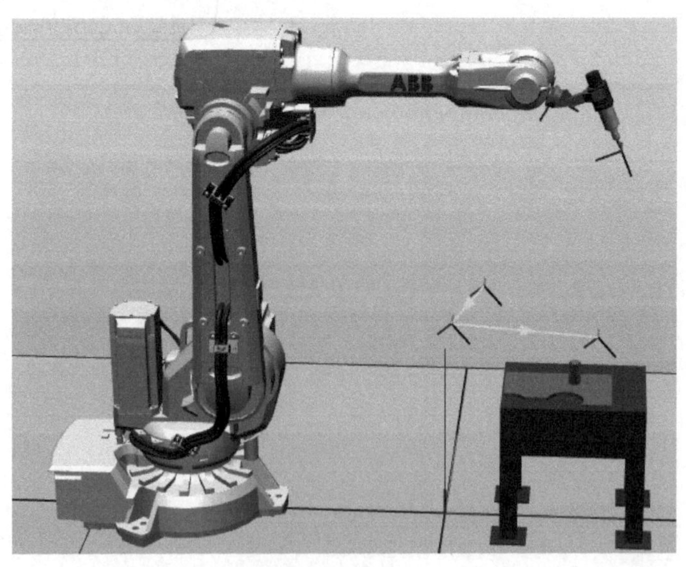

图 4-1 研磨实例

1. 搭建工作站

（1）新建空工作站解决方案。

打开 RobotStudio 软件，选择“新建”→“空工作站解决方案”，输入解决方案的文件名并选择存放位置，如图 4-2 所示，单击“创建”按钮。

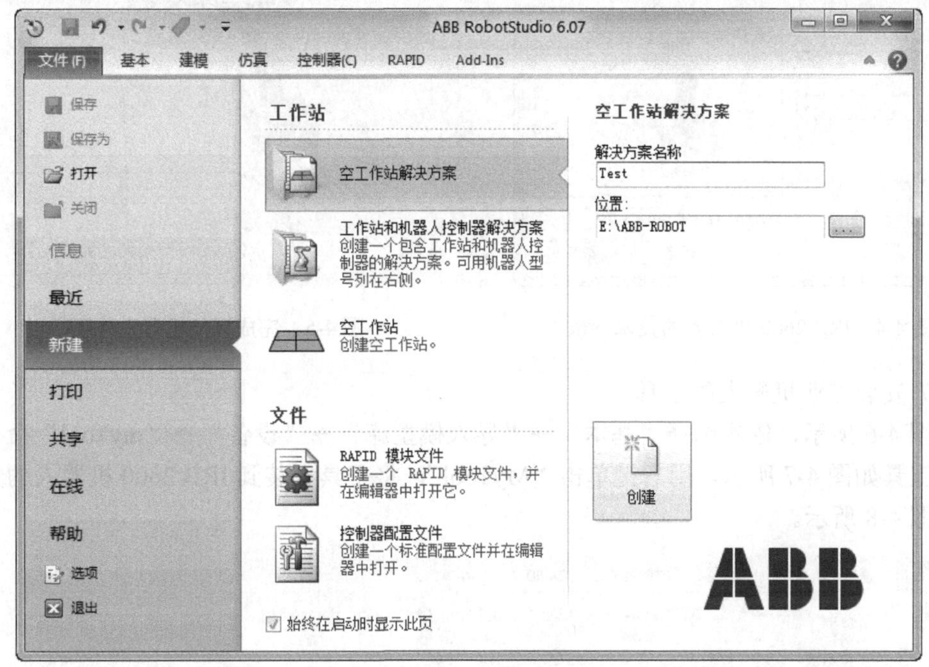

图 4-2　新建空工作站解决方案

根据要求选定具体的机器人型号，每种机器人的参数可参考 ABB 官方网站。如图 4-3 所示，本实例选择“IRB 2600”机器人，如图 4-4 所示为该型号机器人的技术参数。

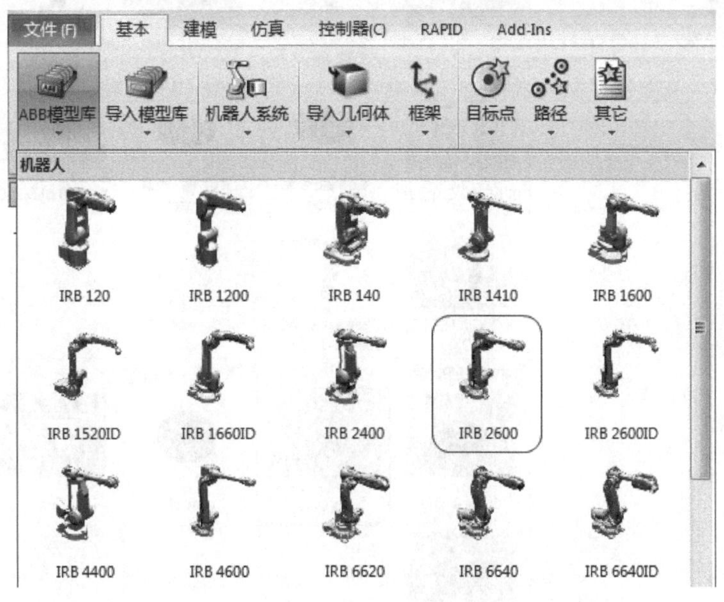

图 4-3　在 ABB 模型库中选择机器人型号

完成后的机器人外观如图 4-5 所示。

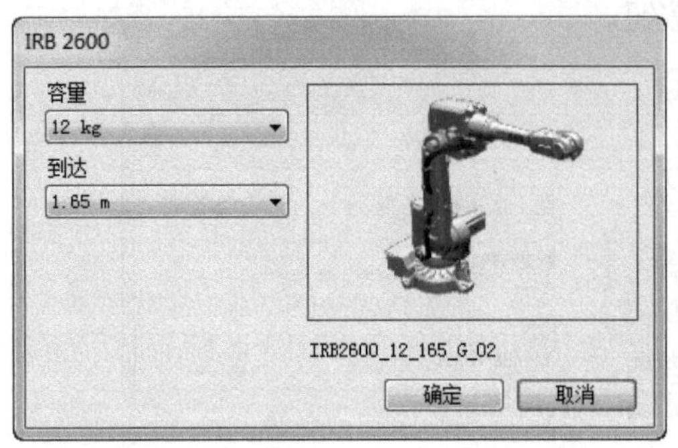

图 4-4　IRB 2600 机器人的技术参数

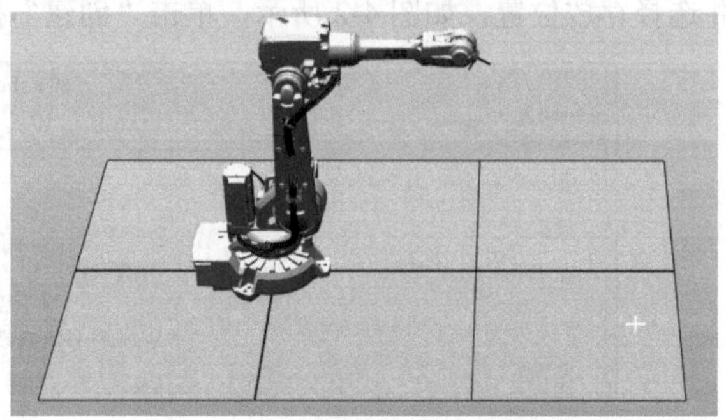

图 4-5　完成后的机器人外观

（2）安装工业机器人的工具。

如图 4-6 所示，依次选择“基本”→“导入模型库”→“设备”→“myTool”命令，安装后的工具如图 4-7 所示。用右键单击“MyTool”，将工具安装到 IRB 2600 机器人的第 6 轴上，如图 4-8 所示。

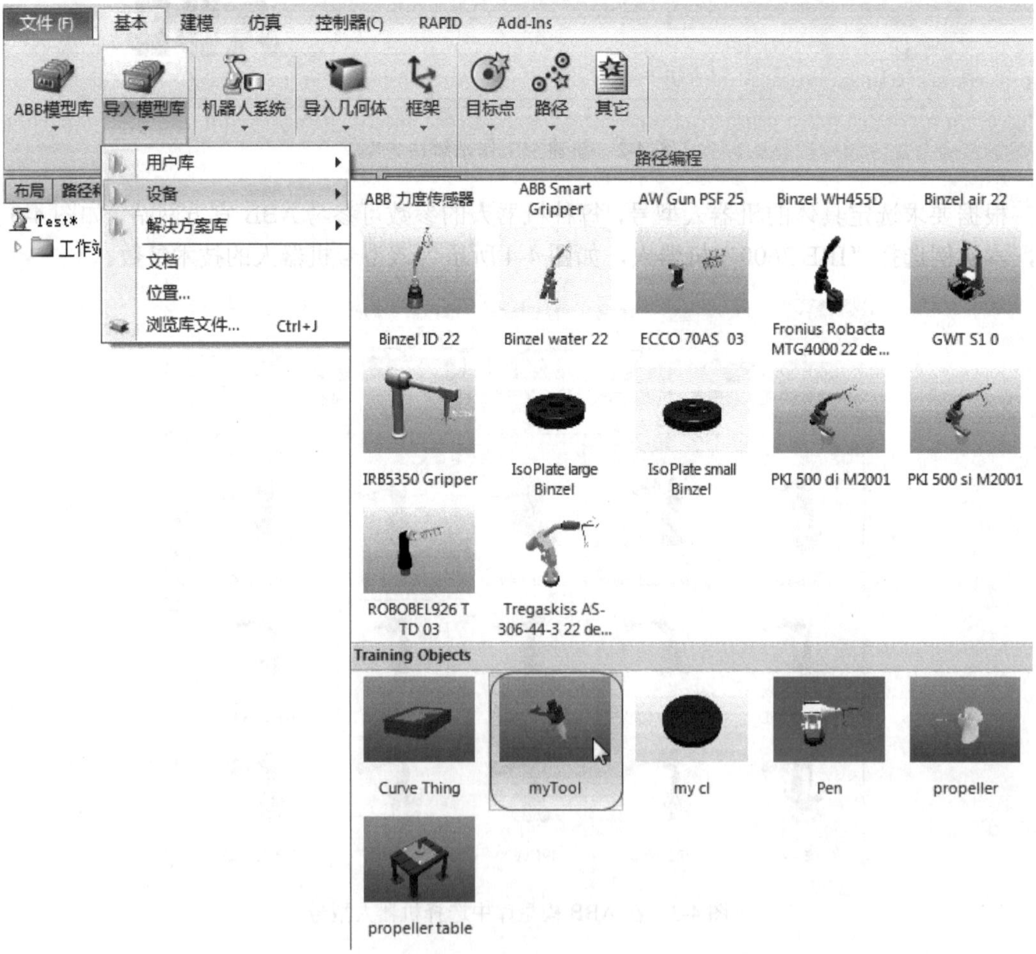

图 4-6　导入工具

布局　路径和目标点　标记
Test*
机械装置
IRB2600_12_165__02
链接
MyTool
链接
SpintecTool

图 4-7　安装后的工具

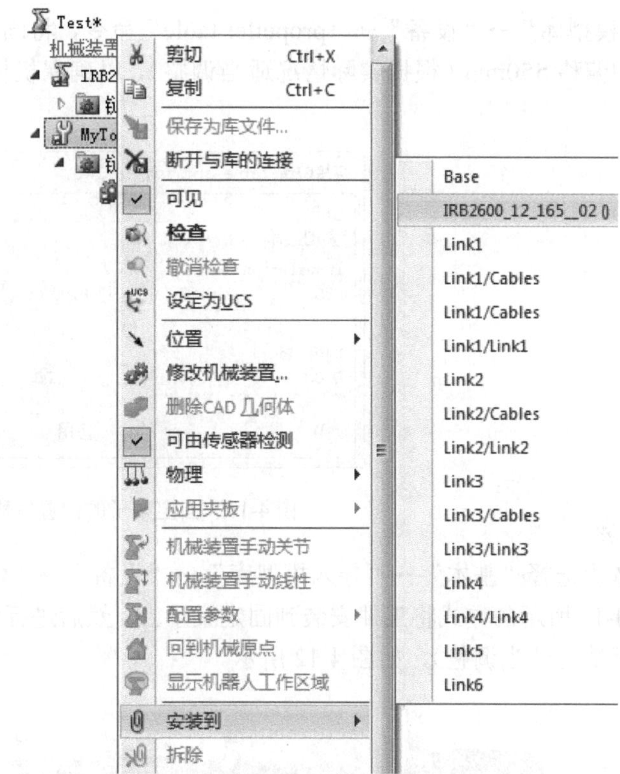

图 4-8　安装工具

安装工具后的机器人外观如图 4-9 所示。

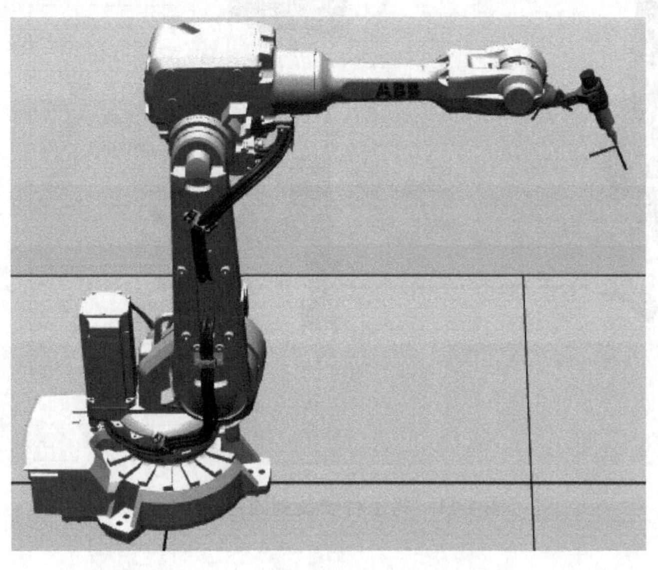

图 4-9　安装工具后的机器人外观

（3）安装工件及其固定桌子。

安装需要研磨的工件及其固定装置的操作与安装工具的操作类似。依次选择“基本”→

“导入模型库”→“设备”→“propeller table”命令，将固定桌子先导入后再进行位置偏移，X方向偏移550mm（根据实际情况适当调整），以确保机械手在有效工作范围内，如图4-10所示。

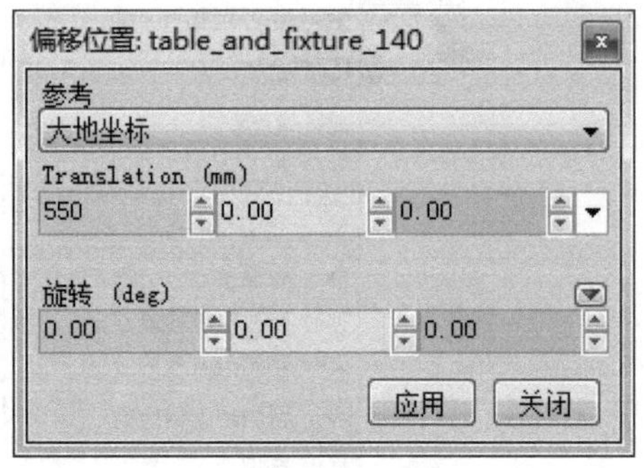

图4-10 固定桌子的位置偏移

依次选择“基本”→“导入模型库”→“设备”→“Curve Thing”命令导入工件，并按照图4-11所示的方式将工件安装到固定桌子上，然后进行位置偏移，Z方向偏移300mm（根据实际情况适当调整），如图4-12所示。

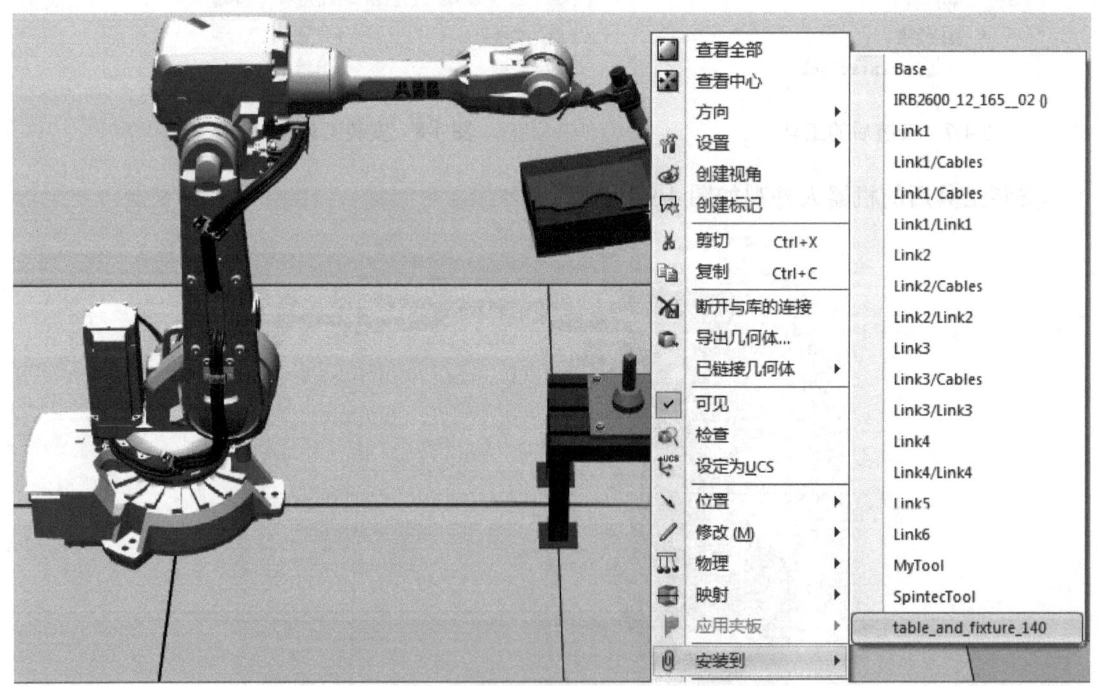

图4-11 将工件安装到固定桌子上

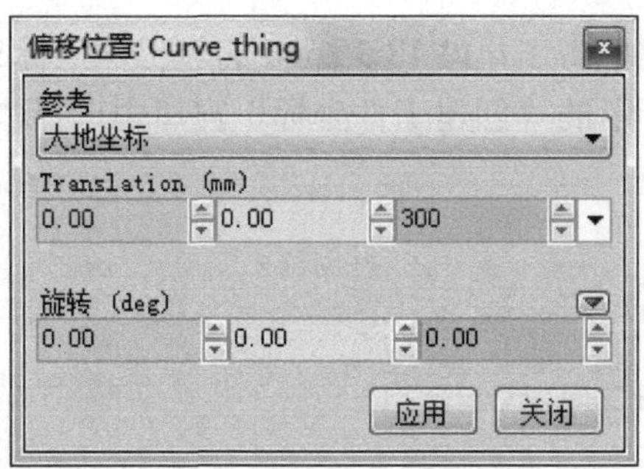

图 4-12　工件的位置偏移

如图 4-13 所示为安装完成后的机器人与工件布局。

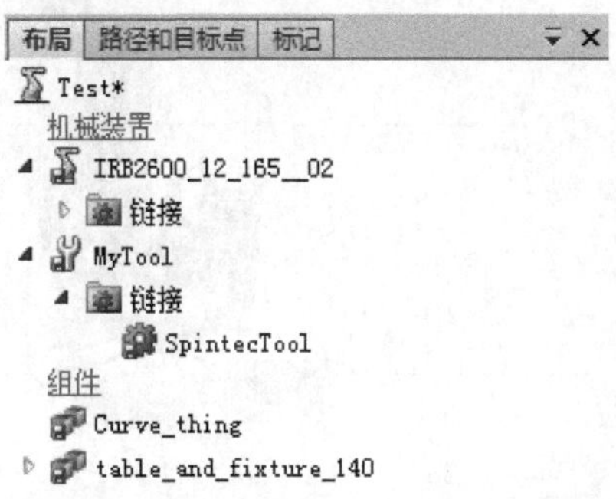

图 4-13　安装完成后的机器人与工件布局

（4）创建工件坐标。

如图 4-14 所示，在“路径和目标点”标签下激活 IRB 2600 机器人。

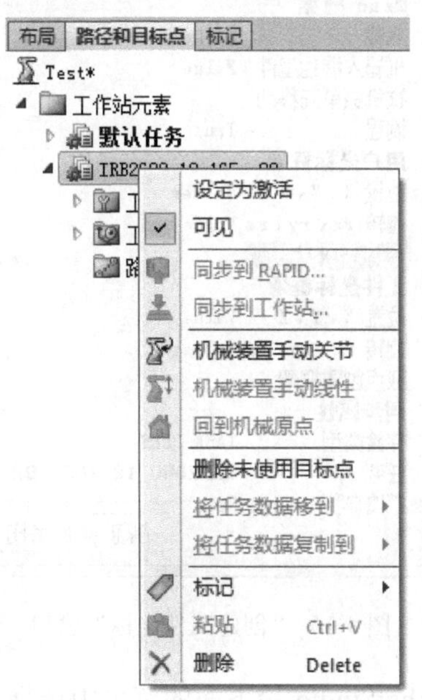

图 4-14　激活 IRB 2600 机器人

如图 4-15 所示，用右键单击工作站 IRB 2600 的“工件坐标&目标点”，选择“创建工件坐标”命令。在如图 4-16 所示的“创建工件坐标”窗口中选择“取点创建框架”。

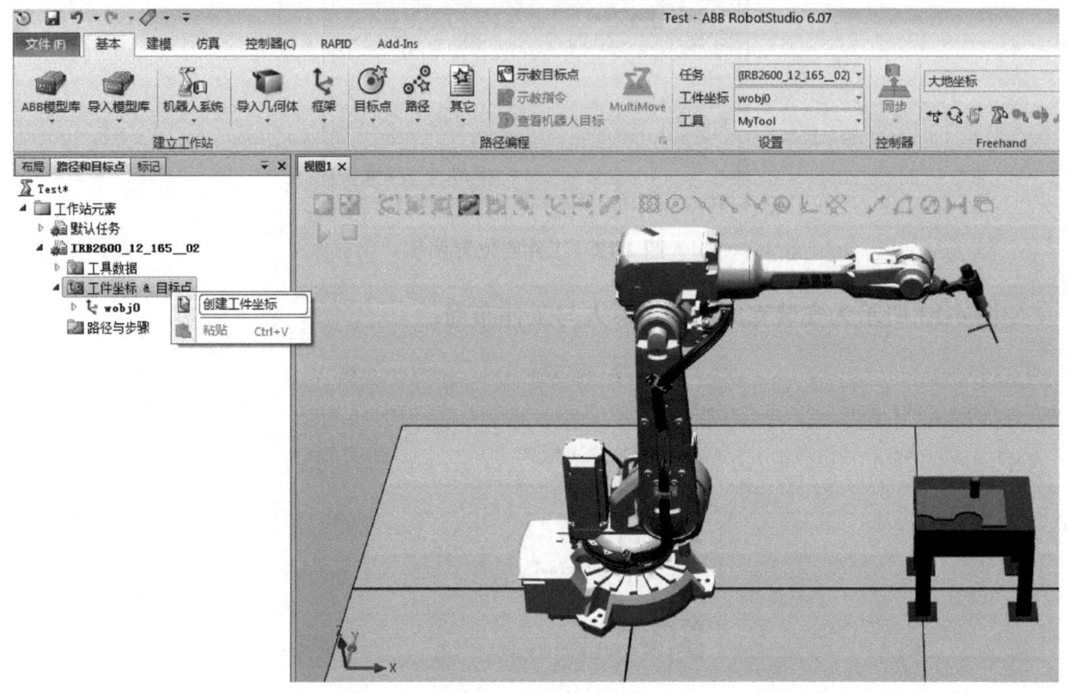

图 4-15　创建工件坐标

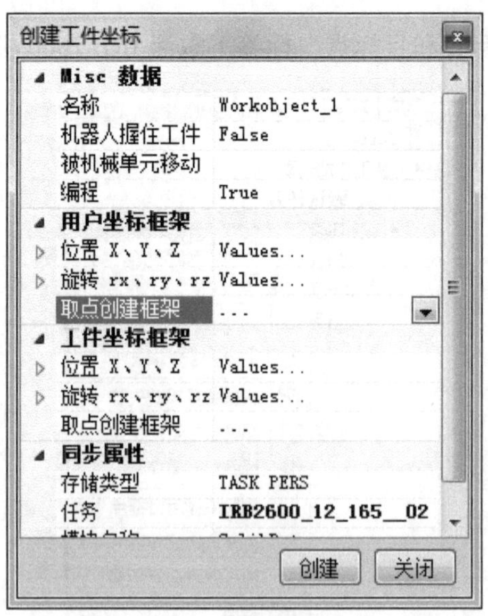

图 4-16　“创建工件坐标”窗口

在取点过程中，需要在 RobotStudio 最下面的菜单中选择“选择方式”和“捕捉模式”，本实例选择“选择表面”和“捕捉末端”，如图 4-17 所示。

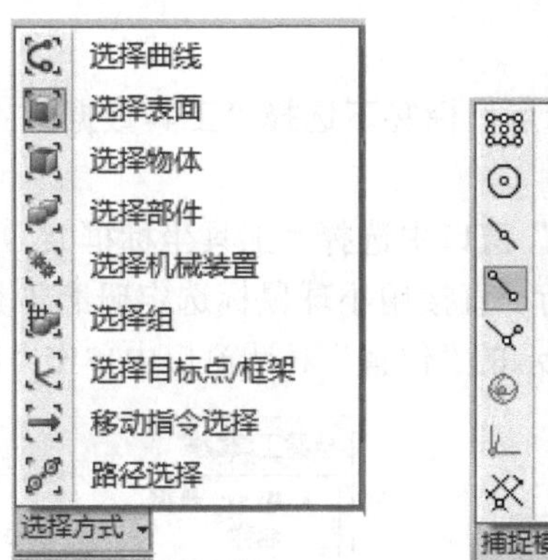

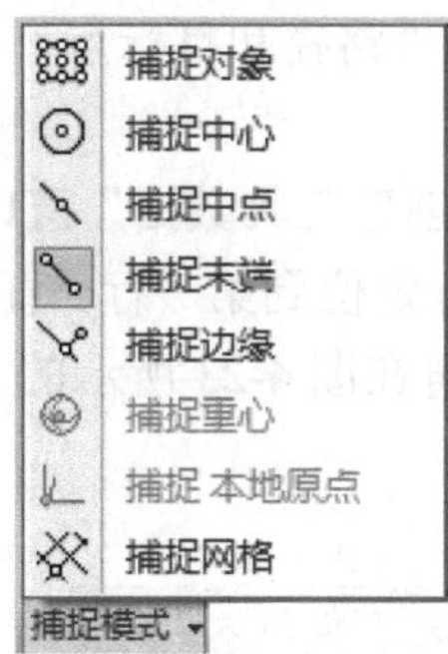

图 4-17　选择“选择方式”和“捕捉模式”

如图 4-18 所示，当捕捉到工件的末端时，会在对应的位置出现一个小球鼠标，移动该小球鼠标至工件即可确定三点的坐标数据，如图 4-19 所示，单击“Accept”按钮进行确认。

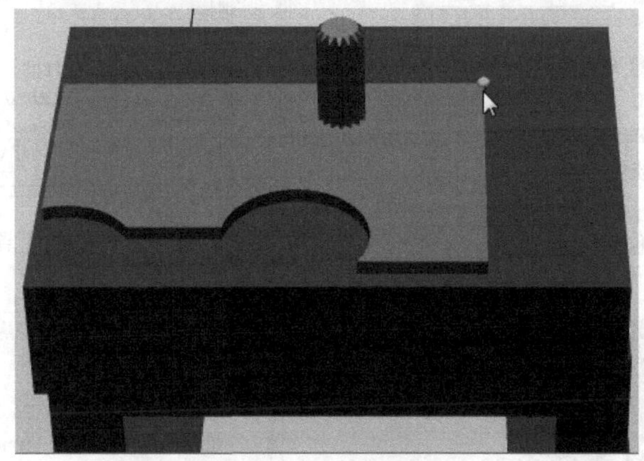

图 4-18 捕捉末端

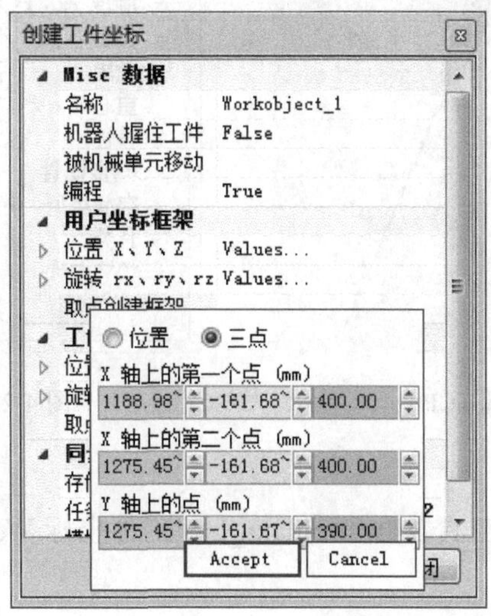

图 4-19　确定三点的坐标数据

（5）创建工具数据。

如图 4-20 所示，在“路径和目标点”标签下选择“工具数据”，单击右键选择“创建工具数据”。

在图 4-21 所示的“创建工具数据”窗口中选择“工具坐标框架”，单击“位置 X、Y、Z”右侧的▾按钮，并将光标定位到第一行。直接用小球鼠标选定研磨工具的最前端作为 TCP 的位置，如图 4-22 所示，再在图 4-23 所示的“位置”对话窗口中单击“Accept”按钮进行确认。

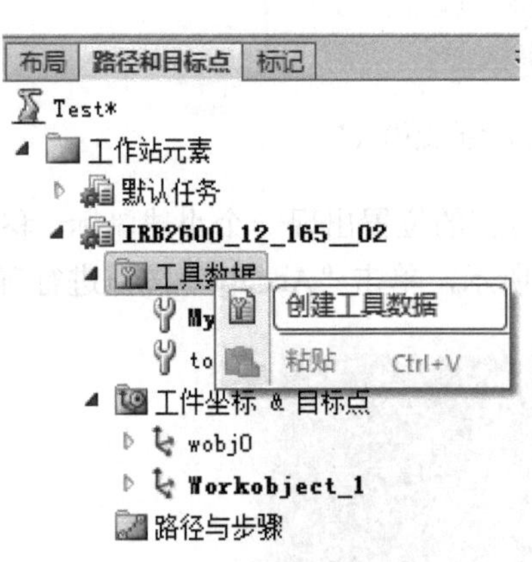

图 4-20　创建工具数据

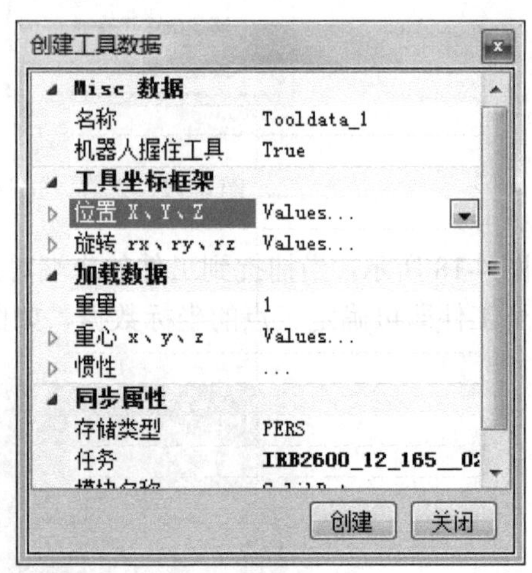

图 4-21　创建工具数据窗口

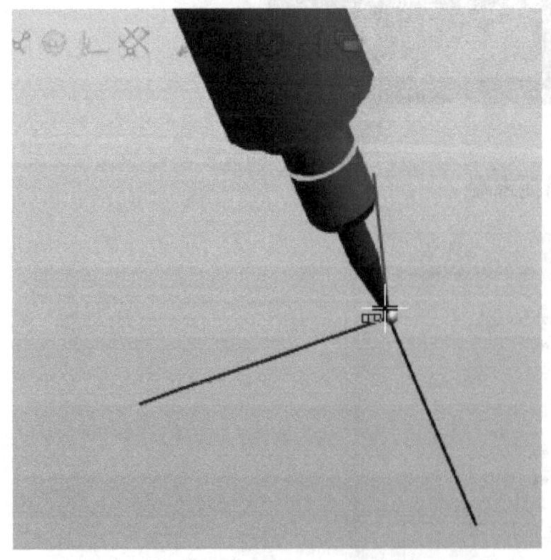

图 4-22　确定工具 TCP

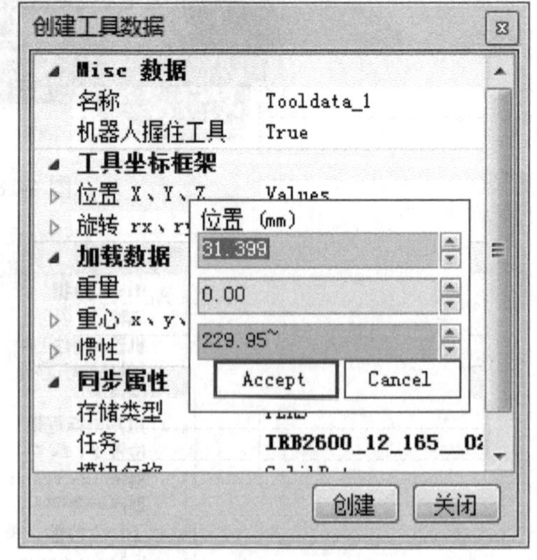

图 4-23　确认位置数据

（6）创建路径。

如图 4-24 所示为新建的工具数据 Tooldata_1 和工件坐标 Workobject_1，两者均处于黑色的“激活状态”。

按如图 4-25 所示创建路径。

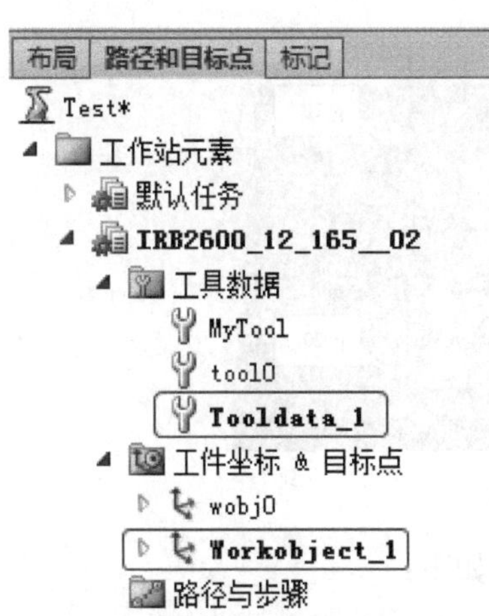

图 4-24　工具数据和工件坐标

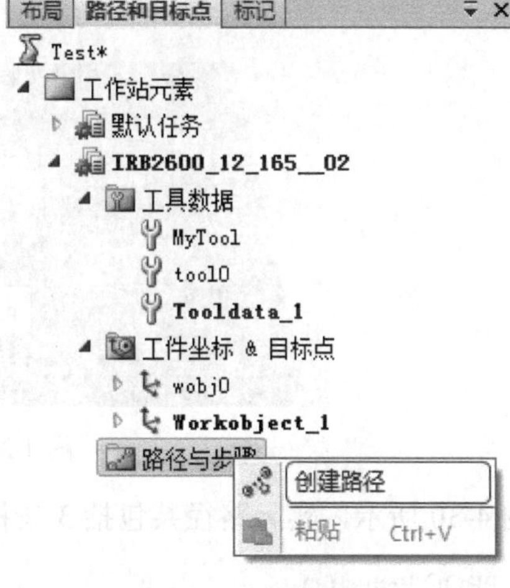

图 4-25　创建路径

用右键单击新建的路径，选择“插入运动指令”命令，如图 4-26 所示。

按图 4-27 所示创建运动指令。本实例需要创建 3 条运动指令，如图 4-28 所示，即移至 p_10、移至 p_20、移至 p_30。创建完成后单击“修改指令”，如图 4-29 所示，可以对“速度”“区域”“工具”等参数进行修改。

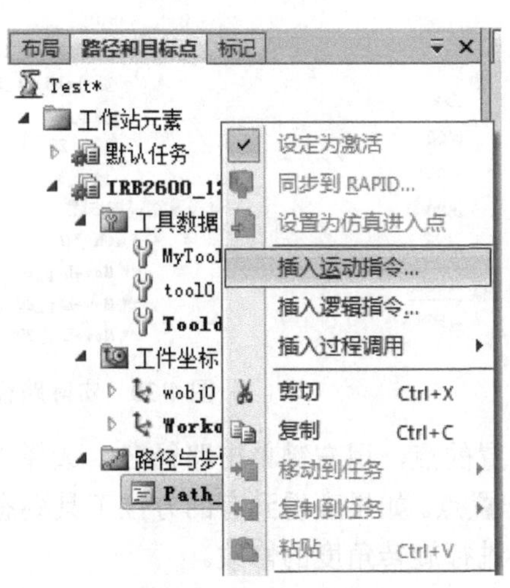

图 4-26　插入运动指令

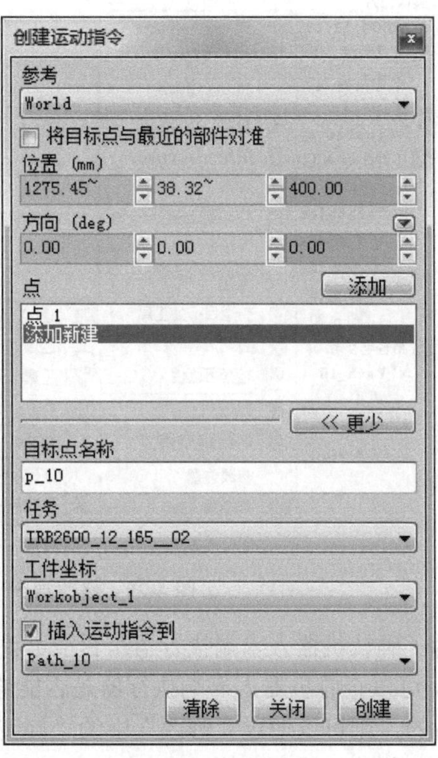

图 4-27　创建运动指令

图 4-28　路径示意

如图 4-30 所示，实际路径共包括 3 条指令，具体如下：

```
PROC Path_10()
    MoveL p_10,v1000,fine,Tooldata_1\WObj:=Workobject_1;
    MoveL p_20,v1000,fine,Tooldata_1\WObj:=Workobject_1;
    MoveL p_30,v1000,fine,Tooldata_1\WObj:=Workobject_1;
ENDPROC
```

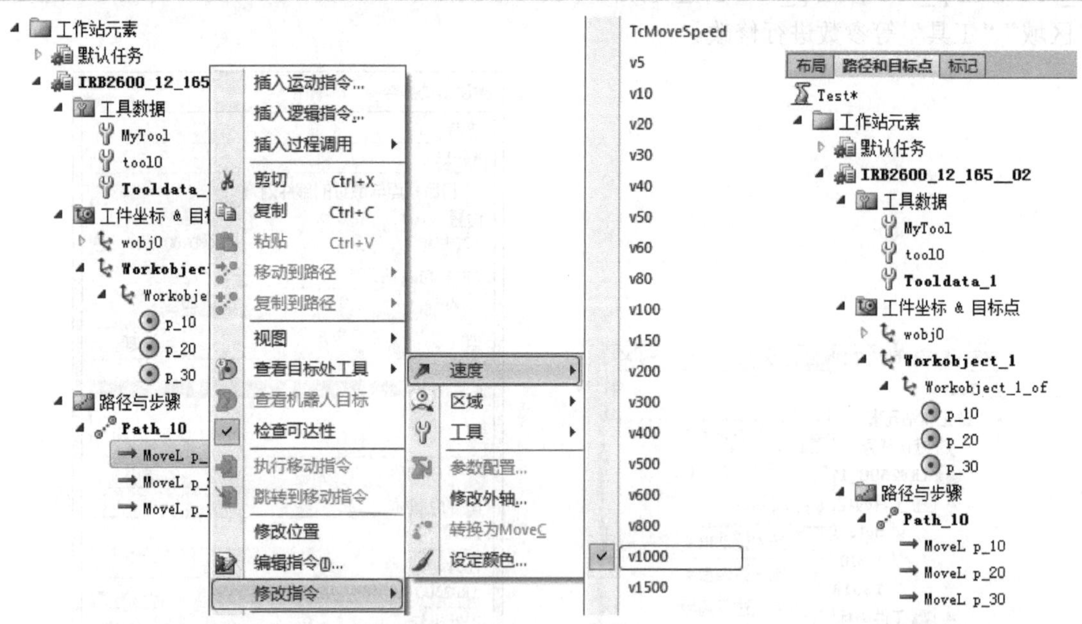

图 4-29　修改指令　　　　图 4-30　实际路径

为了确认机器人末端执行器是否能够到达所设置的点，用右键单击路径名，选择“到达能力”，可以查看机器人末端执行器是否能够到达配置点。如果查看到有的方位工具姿态是不可到达的，则可以通过“修改”中的“旋转路径”进行旋转角度的修改。

（7）创建机器人系统。

按图 4-31 所示根据已有布局创建机器人系统。选择合适的系统选项，如图 4-32 所示，将其同步到 RAPID，如图 4-33 所示，当出现“控制器状态：1/1”时表示创建完毕。如图 4-34 所示为控制器的 RAPID 程序。

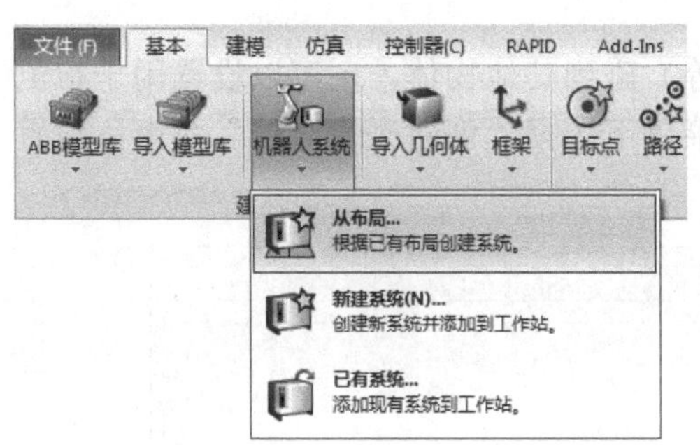

图 4-31　根据已有布局创建机器人系统

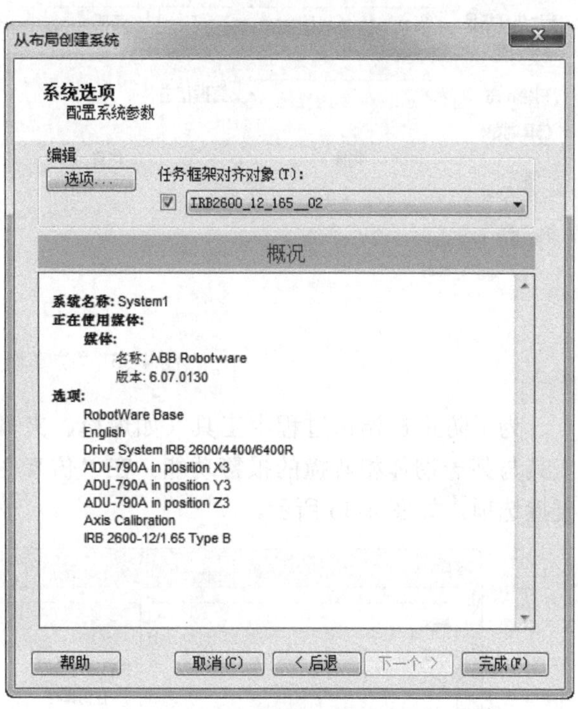

图 4-32　选择系统选项

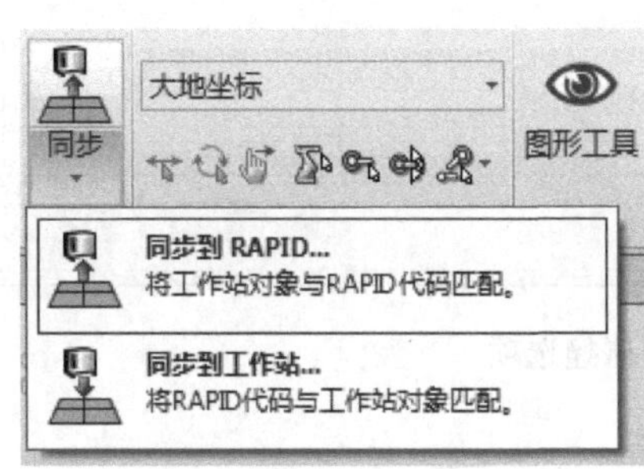

图 4-33　同步到 RAPID

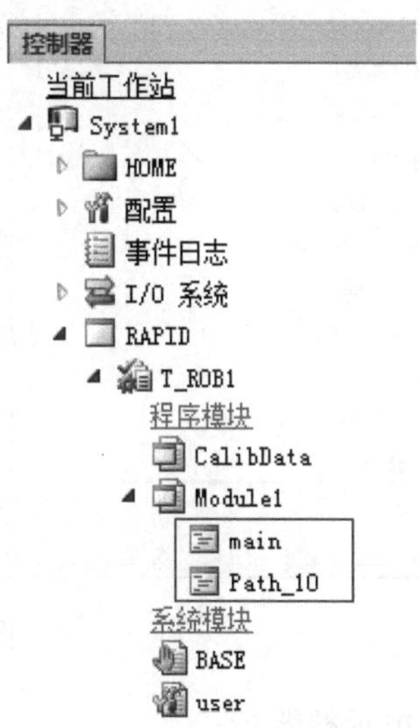

图 4-34　控制器的 RAPID 程序

（8）轨迹仿真与碰撞检测。

在完成前面的步骤后就可以进行路径仿真了，具体为：在“仿真”菜单下选择“仿真设定”命令，弹出“仿真设定”对话框，如图 4-35 所示。

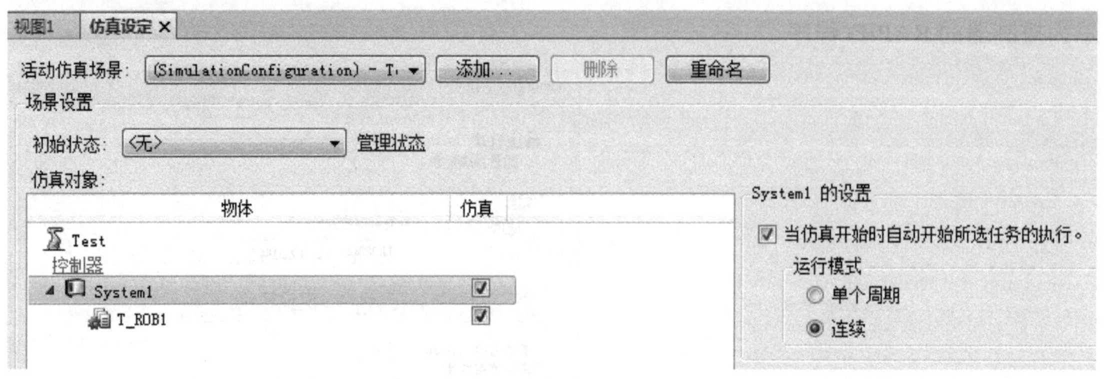

图 4-35 “仿真设定”对话框

为了防止在调试过程中工具（如焊枪、夹具等）碰到其他物体，还可以设置用于检测工具与某一物体相碰撞的报警功能。在“仿真”菜单下选择“创建碰撞监控”命令，设置碰撞选项，如图 4-36 所示。

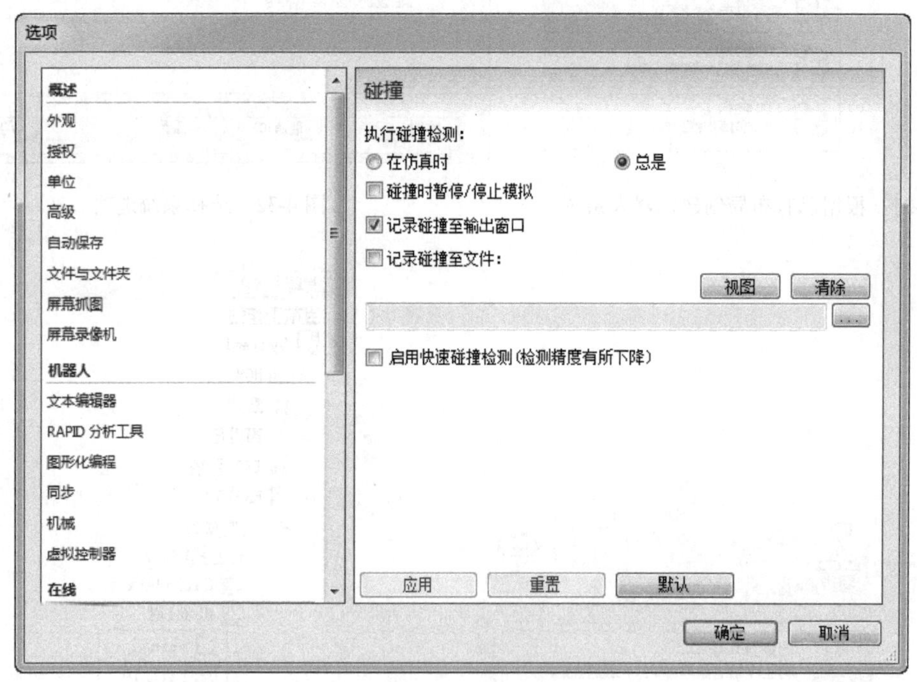

图 4-36 设置碰撞选项

（9）虚拟示教器。

虚拟示教器的用法和功能跟示教器实物几乎一样，因此，可以在 RobotStudio 中对所创建的轨迹进行示教或手动操纵。在“控制器”菜单下选择“示教器”命令，即可进入如图 4-37 所示的虚拟示教器窗口。

（10）文件打包和解包。

完成工作站创建后，可以依次执行“文件”→“共享”→“打包”命令输出文件包，这样就可以在下次打开文件时选择“解包”命令了，如图 4-38 所示。

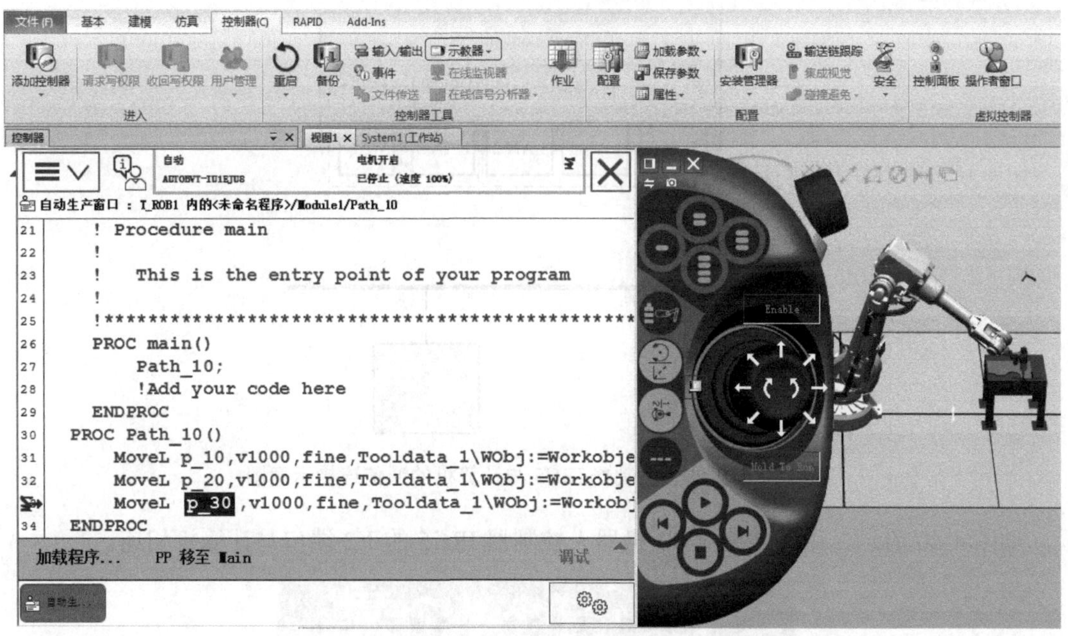

图 4-37　虚拟示教器窗口

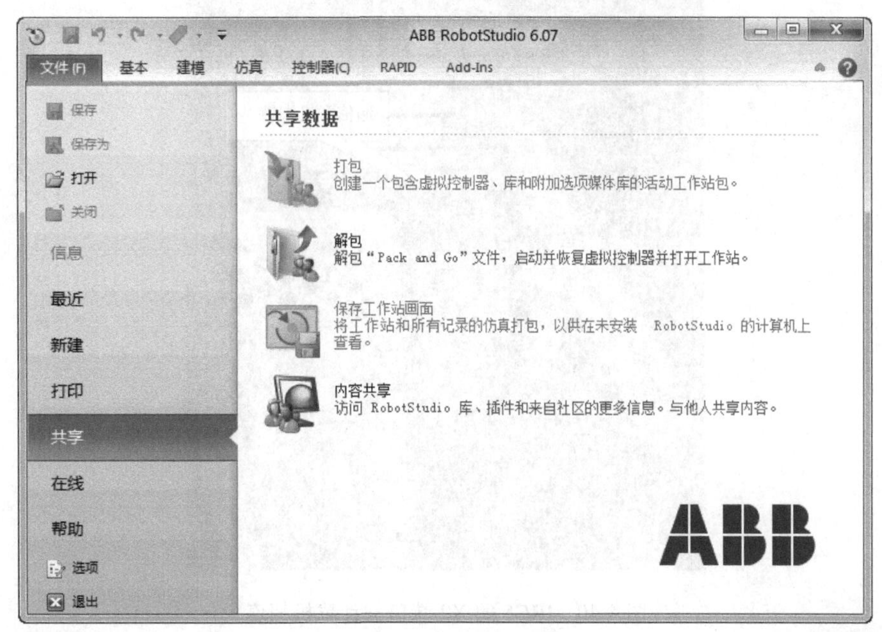

图 4-38　选择解包命令

RobotStudio 与 IRB120 机器人的联机

4.1.3　RobotStudio 与 IRB 120 机器人的联机

如图 4-39 所示为机器人控制器 IRC5 与计算机的通信连接示意图，其中 Service 端口为 X2 端口。

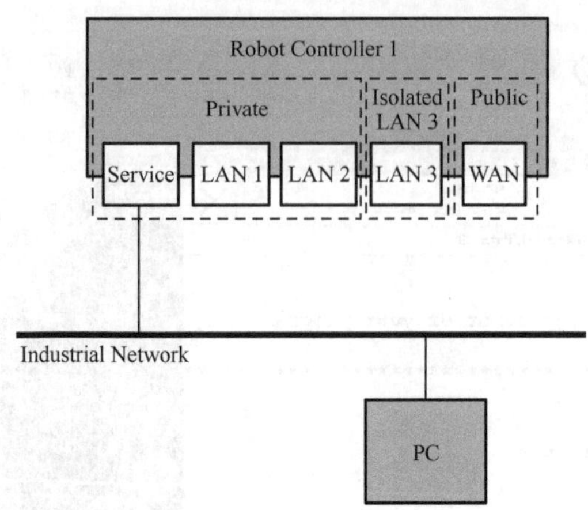

图 4-39　机器人控制器 IRC5 与计算机的通信连接示意图

如图 4-40 所示，用网线将 ABB 机器人控制器 IRC5 的 X2 端口与计算机相连。

图 4-40　IRC5 的 X2 端口与计算机相连

打开 RobotStudio 软件，选择“控制器”→“添加控制器”→“一键连接”命令，如图 4-41 所示。如果计算机与 IRC5 控制器的 IP 地址不对，则会弹出如图 4-42 所示的确认信息，并给出控制器的 IP 地址网段，如 192.168.125.*。

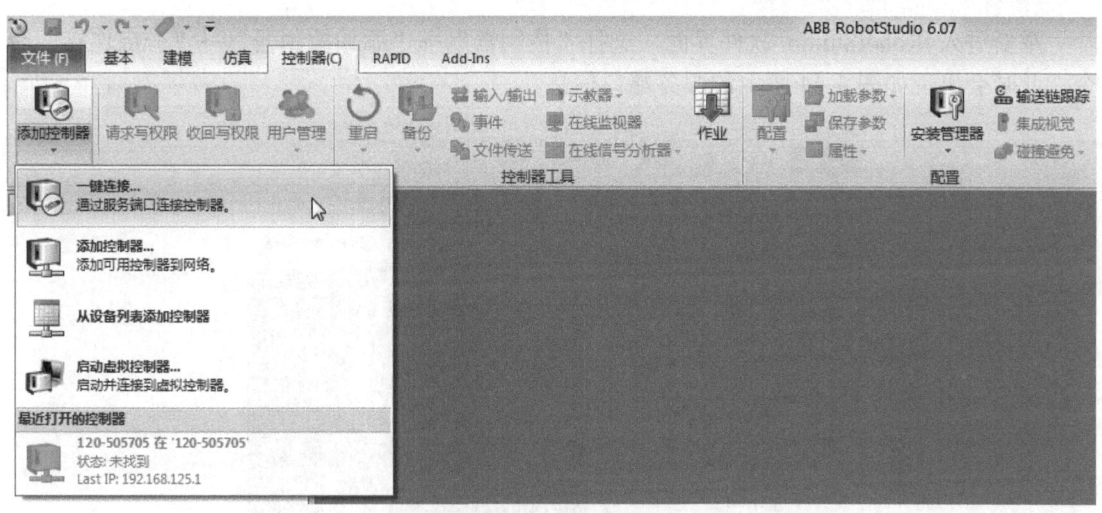

图 4-41　选择一键连接

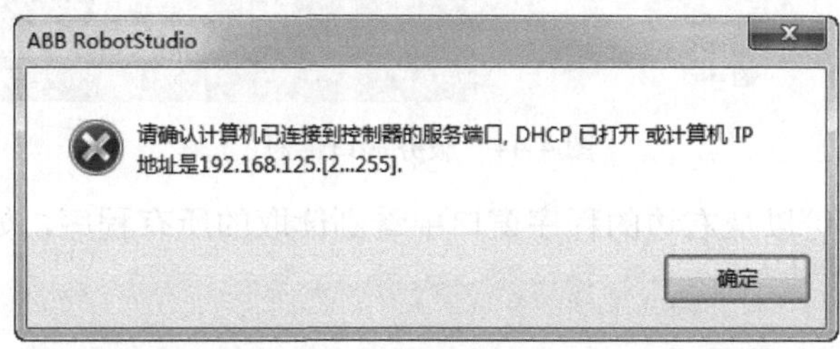

图 4-42　确认信息

在计算机端，选择“设置网络连接”→“网络与共享中心”→“适配器设置”→“选择本地连接”命令，单击“TCP/IPv4”属性，将计算机的 IP 地址设置为同一网段的 IP 地址，如图 4-43 所示。

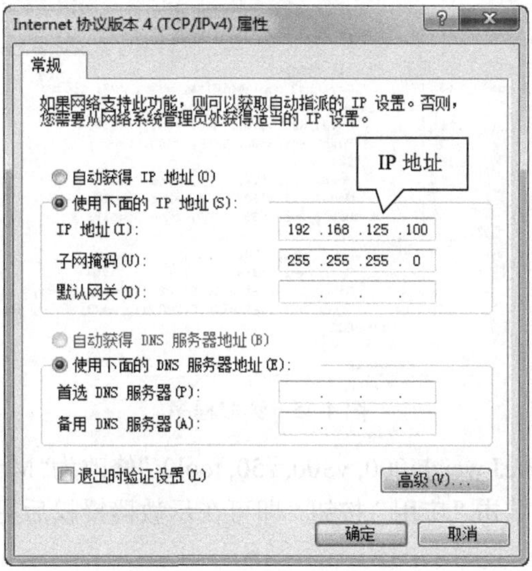

Internet 协议版本 4 (TCP/IPv4) 属性

常规

如果网络支持此功能，则可以获取自动指派的 IP 设置。否则，您需要从网络系统管理员处获得适当的 IP 设置。

IP 地址

自动获得 IP 地址(O)

使用下面的 IP 地址(S):

IP 地址(I): 192 . 168 . 125 . 100

子网掩码(U): 255 . 255 . 255 . 0

默认网关(D):

自动获得 DNS 服务器地址(B)

使用下面的 DNS 服务器地址(E):

首选 DNS 服务器(P):

备用 DNS 服务器(A):

退出时验证设置(L)　高级(V)...

确定　取消

图 4-43　设置计算机 IP 地址

重新进入 RobotStudio 软件界面，选择“控制器”→“添加控制器”→“一键连接”命令，此时会出现如图 4-44 所示的服务端口信息。

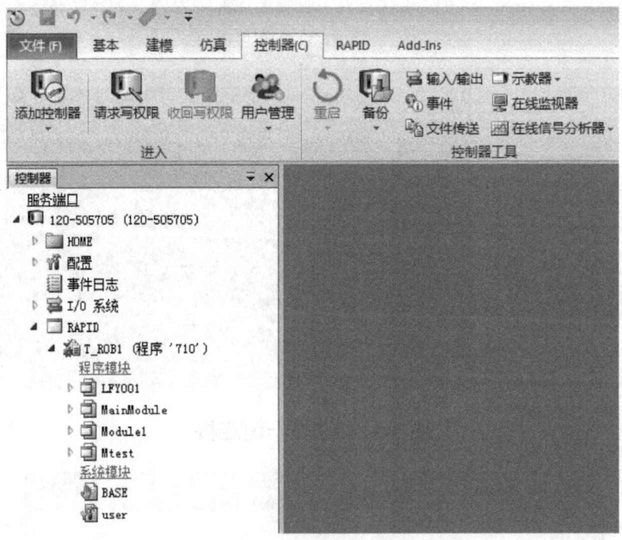

图 4-44　服务端口信息

单击“RAPID”，可以从右边的程序窗口中看到读取的所有程序，如图 4-45 所示。

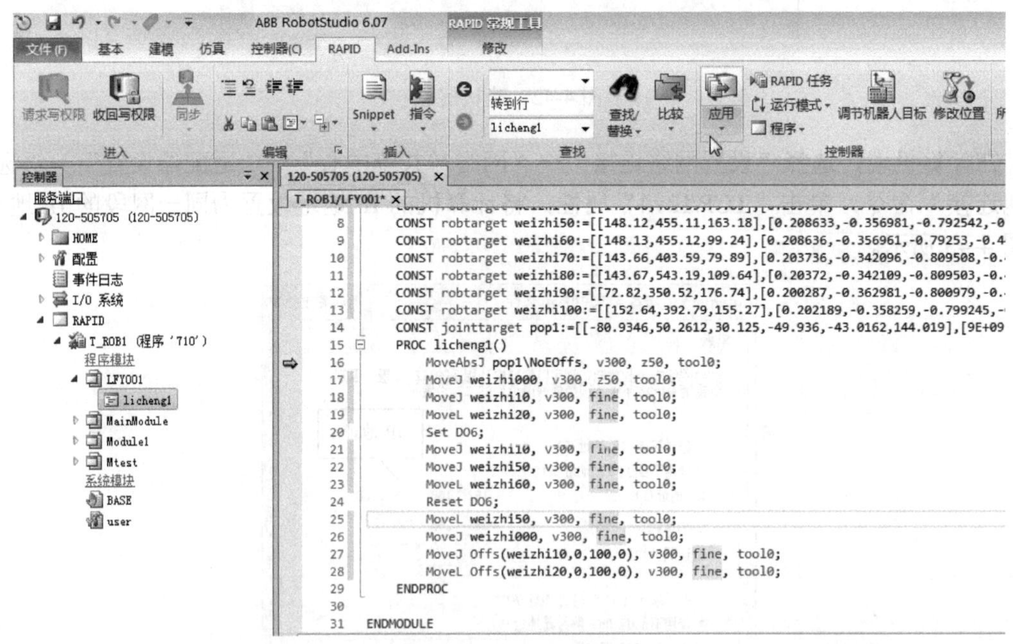

图 4-45　读取程序

将例程第二行的“MoveJ weizhi000, v300, z50, tool0;”修改为“MoveJ weizhi000, v300, fine, tool0;”，如图 4-46 所示，单击“应用”按钮，即可在示教器授权后更改示教器中的实时程序。

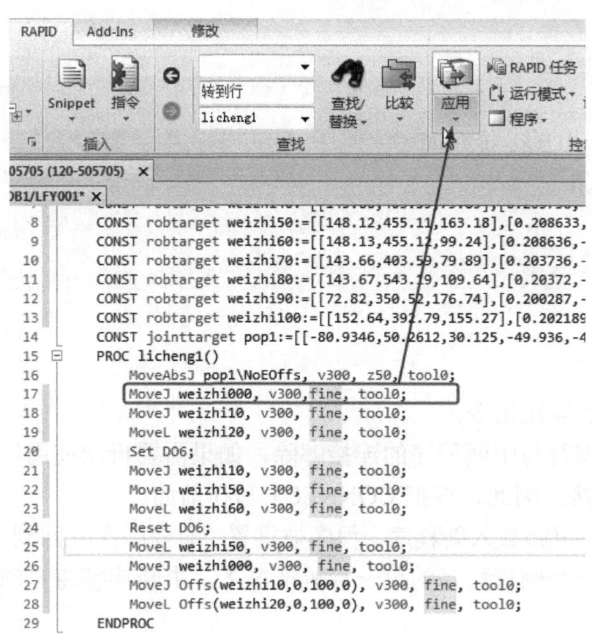

图 4-46　修改程序并应用

4.2　中断指令及编程

4.2.1　中断概述

中断程序（TRAP）是指在执行程序时，如果发生紧急情况，机器人需要暂停执行原程序，转而跳到专门的程序中对紧急情况进行处理，处理完成后再返回到原程序暂停的地方继续执行。这种专门处理紧急情况的程序就是中断程序，常用于出错处理、外部信号响应等对实时响应要求较高的场合。触发中断的指令只需要执行一次，一般在初始化程序中添加中断指令。

4.2.2　常用的中断指令

1．ISignalDI 指令

ISignalDI：触发中断指令。它包括 ISignalDI 和 ISignalDI\single 两种形式。

格式：ISignalDI[\single]　信号名，信号值，中断标识符；

其中，single 为中断可选变量，启用“\single”时，中断程序被触发一次后失效；不启用时，中断功能持续有效，只有在程序重置或运行 IDelete 后才失效。

例如：

```
Main
CONNECT i1 WITH zhongduan;
ISignalDI di1,1,i1;
……
IDelete   i1;
```

2．IDelete 指令

IDelete：取消中断连接指令。

功能：将中断标识符与中断程序的连接解除，如果需要再次使用该中断标识符，则需要重新用 CONNECT 连接，因此，要把 CONNECT 写在前面。

需要注意的是，在重新载入新程序、程序被重置（即程序指针回到 main 程序的第一行）、程序指针被移到任意一个例行程序的第一行等情况下，中断连接将自动清除。

3．ITimer 指令

ITimer：定时中断指令。

格式：ITimer[\single] 定时时间，中断标识符；

功能：定时触发中断。single 是可选变量，用法和 IsignalDI 相同。

例如：

```
CONNECT i1 WITH zhongduan;
ITimer 3 i1; //3 秒钟之后触发 i1
```

4．ISleep 指令

ISleep：中断睡眠指令。

格式：ISleep 中断标识符。

功能：使中断标识符暂时失效，直到 IWatch 指令恢复。

5．IWatch 指令

IWatch：激活中断指令。

格式：IWatch 中断标识符。

功能：将已经失效的中断标识符激活，与 ISleep 搭配使用。

例如：

```
CONNECT i1 WITH zhongduan;
ISignalDI di1,1,i1;
……  （中断有效）
ISleep i1;
……  （中断失效）
```

```
IWatch i1;
……   （中断有效）
```

6. IDisabel 指令

IDisabel：关闭中断指令。

格式：IDisabel。

功能：使中断功能暂时关闭，直到执行 IEnable 指令才进入中断处理程序。该指令用于机器人正在执行的指令不希望被打断的操作期间。

7. IEnable 指令

IEnable：打开中断。

格式：IEnable。

功能：将被 IDisabel 关闭的中断打开。

例如：

```
IDisabel   （暂时关闭所有中断）
……   （所有中断失效）
IEnable    （将所有中断打开）
……   （所有中断恢复有效）
```

4.2.3 中断程序编程实例

中断程序编程实例

编写一个对传感器的信号 di01_PanelInPickPos 进行实时监控的中断程序。正常情况下，di01_PanelInPickPos 信号为 0；如果 di01_PanelInPickPos 的信号从 0 变为 1，就对 reg1 加 1。

（1）中断例行程序的新建与编写。

先新建例行程序，将其命名为“zhongduan”，类型为“中断”，如图 4-47 所示。

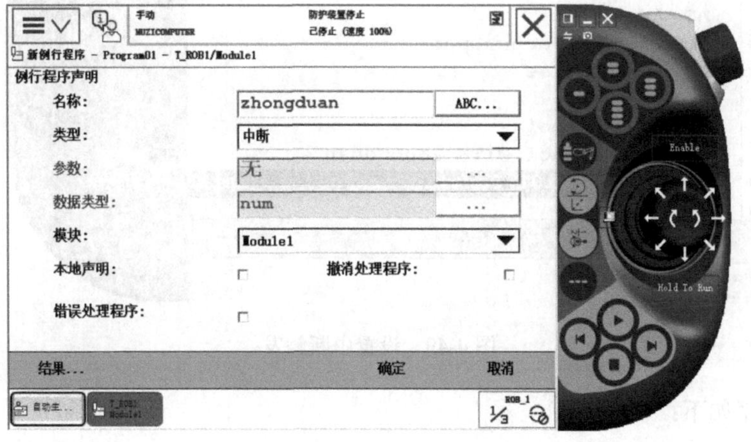

图 4-47　新建中断例行程序

添加 reg1 自加命令，如图 4-48 所示。

图 4-48　添加 reg1 自加命令

中断程序如下：

```
TRAP zhongduan
    Incr reg1;
ENDTRAP
```

（2）中断例行程序的调用。

在初始化程序中，用 IDelete 指令取消中断，使用 CONNECT 指令将中断标识符与中断程序关联，使用 ISignalDI 指令设置中断触发，让 di01_PanelInPickPos 信号作为中断的触发源，如图 4-49 所示，其中 intno1 的数据类型为 intnum（中断数）。

图 4-49　设置中断触发

初始化程序如下：

```
Clear reg1;
```

```
IDelete intno1;
CONNECT intno1 WITH zhongduan;
ISignalDI di01_PanelInPickPos, 1, intno1;
```

需要注意的是，这里 ISignalDI[\single] 语句中的“\single”未启用，表示始终有效。

（3）中断程序的故障报错提示。

如果中断设置有错误，则会出现相应的报错提示。

ERR-UNKINO：无法找到当前的中断标识符。

ERR-ALRDYCNT：中断标识符已经被连接到中断程序。

ERR-CNTNOTVAR：中断标识符不是变量。

ERR-INOMAX：没有更多的中断标识符可以使用。

4.3　机器人打磨实例

4.3.1　工作任务

目前，国内大部分厂家的铸件、塑料件、钢制品等材质工件大多采用手工或手持气动、电动工具，以打磨、研磨、锉等方式进行去毛刺加工，这容易造成产品不良率上升、效率低下、加工后的产品表面粗糙等问题。为了解决上述问题，部分厂家开始使用机器人安装电动或气动工具进行自动化打磨，与手持打磨方式相比，机器人去毛刺能有效提高生产效率，降低成本，提高产品良率。由于机器人直接夹持电动、气动工具去毛刺在进行不规则毛刺处理时容易出现断刀或损坏工件等情况，为避免发生这些情况，一般采用浮动去毛刺机构，如图 4-50 所示。

图 4-50　浮动去毛刺机构

现采用 ABB 机器人进行铸件去毛刺打磨，打磨工艺示意图如图 4-51 所示，圆形工作台可以同时安装 2 个铸件。机器人先启动工作台 1（右半圆台），对铸件 1 进行打磨加工，等完成后发出信号，圆形工作台旋转；机器人启动工作台 2（左半圆台），对铸件 2 进行打磨加工，此时可以进行铸件 1 取件和新铸件的安装工作；等铸件 2 完成打磨后，圆形工作台再次旋转，对新铸件进行打磨，依此循环。

图 4-51　打磨工艺示意图

4.3.2　机器人的输入/输出定义

根据任务要求，进行机器人输入/输出定义，如表 4-1 所示。其中输入分别是打磨状态、供气 OK、反馈 OK、启动、停止、工作台 1 启动、工作台 2 启动、铸件装载 OK 共 8 个信号；输出分别是打磨命令、供气命令、反馈开启、位置 1 输出、位置 2 输出、周期运行、故障灯、紧急停止共 8 个信号。

表 4-1　输入/输出定义

名　称	类　型	值	最小值	最大值	总线	单元	单元映射	说　明
di01ArcEst	DI	0	0	1	DeviceNet1	Board10	0	打磨状态
di02GasOK	DI	0	0	1	DeviceNet1	Board10	1	供气 OK
di03FeedOK	DI	0	0	1	DeviceNet1	Board10	2	反馈 OK
di04Start	DI	0	0	1	DeviceNet1	Board10	3	启动
di05Stop	DI	0	0	1	DeviceNet1	Board10	4	停止
di06WorkStation1	DI	0	0	1	DeviceNet1	Board10	5	工作台 1 启动
di07WorkStation2	DI	0	0	1	DeviceNet1	Board10	6	工作台 2 启动
di08LoadingOK	DI	0	0	1	DeviceNet1	Board10	7	铸件装载 OK
do01PolishOn	DO	0	0	1	DeviceNet1	Board10	0	打磨命令
do02GasOn	DO	0	0	1	DeviceNet1	Board10	1	供气命令
do03FeedOn	DO	0	0	1	DeviceNet1	Board10	2	反馈开启
do04pos1	DO	0	0	1	DeviceNet1	Board10	3	位置 1 输出
do05pos2	DO	0	0	1	DeviceNet1	Board10	4	位置 2 输出
do06CycleOn	DO	0	0	1	DeviceNet1	Board10	5	周期运行
do07Error	DO	0	0	1	DeviceNet1	Board10	6	故障灯
do08E_Stop	DO	0	0	1	DeviceNet1	Board10	7	紧急停止

4.3.3 机器人打磨控制流程图

机器人打磨控制流程图

机器人打磨控制流程图如图 4-52 所示。首先是初始化程序，包括参数设置和中断启用，这里的中断是当“di08LoadingOK=1”时触发的。接下来是判断工作台 1 启动信号是否为 ON，如果是的话，则启动工作台 1 打磨程序；如果否的话，则继续判断工作台 2 启动信号是否为 ON，如果是的话，则启动工作台 2 打磨程序。若上述情况都不满足，则直接“等待 0.3s”，再进入下一个循环周期。

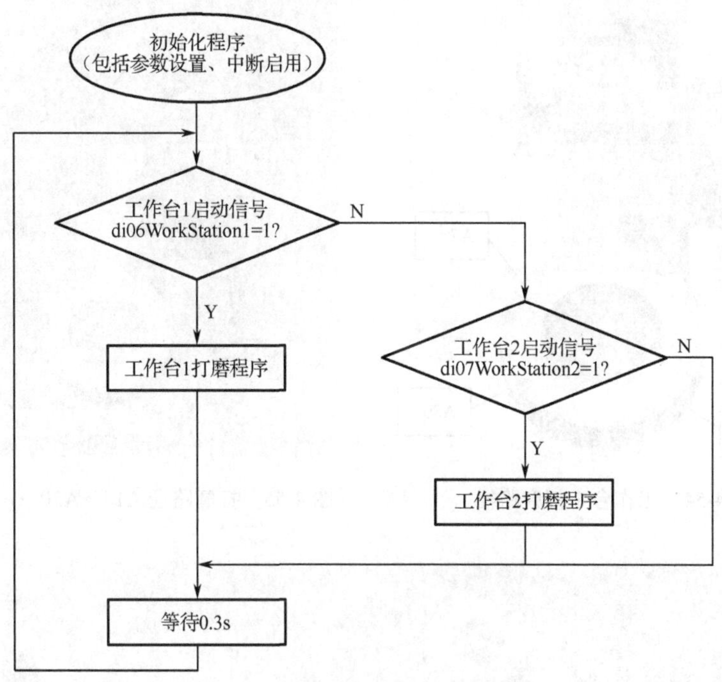

图 4-52 机器人打磨控制流程图

工作台 1 打磨程序流程图如图 4-53 所示，先按打磨路径进行打磨，接下来等待新铸件装载信号，如果新铸件已装载完毕，则将工作台进行旋转，以便进行打磨完的铸件卸料和新铸件的打磨。工作台 2 打磨程序流程图与之类似。

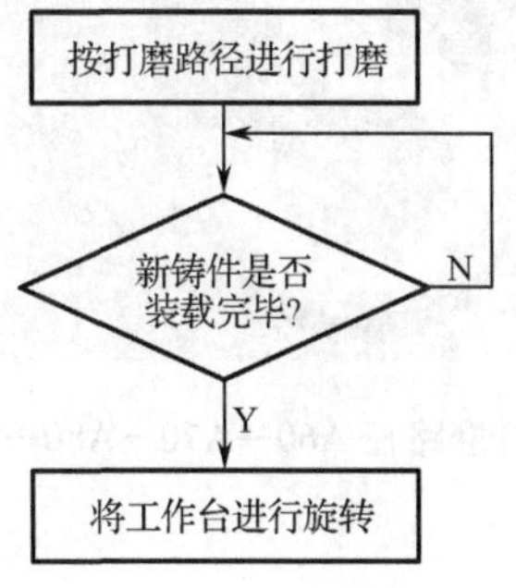

图 4-53 工作台 1 打磨程序流程图

以工作台 1 的打磨路径为例，如图 4-54 所示，共有 2 个圆的轨迹需要编程，分别是图 4-55 所示的 A10→A20→A30→A40→A10 和图 4-56 所示的 A60→A70→A80→A90→A60。

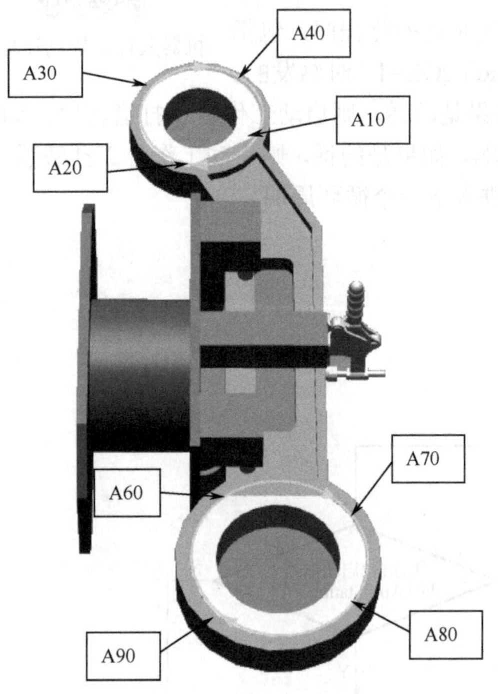

图 4-54 工作台 1 打磨路径

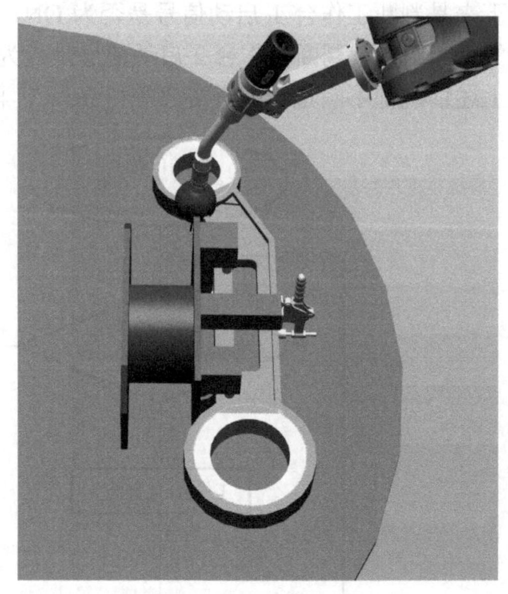

图 4-55 打磨路径 A10→A20→A30→A40→A10

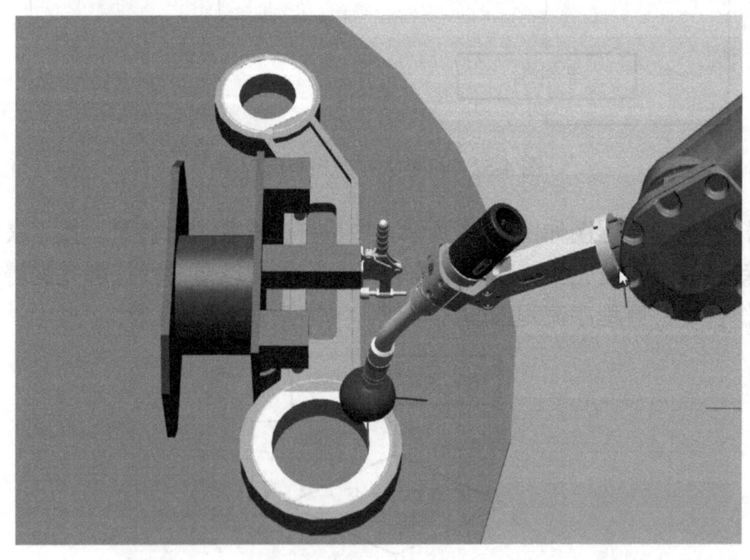

图 4-56 打磨路径 A60→A70→A80→A90→A60

4.3.4　机器人 RAPID 程序编写

1．变量定义

```
PERS tooldata tPolishTop:=[TRUE,[[125.800591275,0,381.268213238],[0.898794046,0,0.438371147,0]],[2,[0,0,100],[0,1,0,0],0,0,0]];
CONST robtarget pHome:=[[892.381388433,0,1297.608236055],[0.281247164,0,0.959635364,0],[0,0,0,0],[9E9,9E9,9E9,9E9,9E9,9E9]];
CONST robtarget pWait:=[[1055.04484901,-300.158845054,637.09781],[0.069861281,-0.000000022,0.997556716,-0.000000023],[-1,0,-1,0],[9E9,9E9,9E9,9E9,9E9,9E9]];
CONST robtarget pPolish_A10:=[[-477.207478341,-294.32,103.96],[0.026332306,-0.0000022,0.999653245,-0.000002466],[-1,-1,0,1],[9E9,9E9,9E9,9E9,9E9,9E9]];
CONST robtarget pPolish_A20:=[[-403.449493255,-248.49845186,101.000437713],[0.069861204,0.000000083,0.997556721,0.000000086],[-1,-1,0,1],[9E9,9E9,9E9,9E9,9E9,9E9]];
CONST robtarget pPolish_A30:=[[-352.811875694,-291.843211201,101.409107147],[0.0698612,0.000000019,0.997556722,0.000000005],[-1,-1,0,1],[9E9,9E9,9E9,9E9,9E9,9E9]];
CONST robtarget pPolish_A40:=[[-378.875680781,-366.987505598,101.198753345],[0.069861202,0.000000024,0.997556721,0.000000002],[-1,-1,0,1],[9E9,9E9,9E9,9E9,9E9,9E9]];
CONST robtarget pPolish_A50:=[[-453.792751274,-364.282071984,100.594133492],[0.069861211,0.000000036,0.997556721,0.000000023],[-1,-1,0,1],[9E9,9E9,9E9,9E9,9E9,9E9]];
CONST robtarget pPolish_A60:=[[-442.993751743,150.446389278,100.681279632],[0.069861173,-0.000000006,0.997556723,-0.000000016],[0,0,-1,1],[9E9,9E9,9E9,9E9,9E9,9E9]];
CONST robtarget pPolish_A70:=[[-539.427124904,150.446403649,99.902996639],[0.06986119,-0.000000013, 0.997556722,0.000000001],[0,0,-1,1],[9E9,9E9,9E9,9E9,9E9,9E9]];
CONST robtarget pPolish_A80:=[[-573.690968393,240.977426598,99.626488528],[0.069861194,-0.000000046,0.997556722,-0.000000037],[0,0,-1,1],[9E9,9E9,9E9,9E9,9E9,9E9]];
CONST robtarget pPolish_A90:=[[-489.101026376,305.420194692,100.309124401],[0.06986118,-0.000000029,0.997556723,-0.000000042],[0,0,-1,1],[9E9,9E9,9E9,9E9,9E9,9E9]];
CONST robtarget pPolish_A100:=[[-406.338790483,215.828761028,100.977108485],[0.069861182,-0.000000043,0.997556723,-0.000000057],[0,0,-1,1],[9E9,9E9,9E9,9E9,9E9,9E9]];
PERS bool bCell_A:=TRUE;
PERS bool bCell_B:=TRUE;
CONST robtarget pTopWash:=[[79.364244392,-975.399980073,710.541513019],[0.027256179,0.683271873,0.729244588,0.024474064],[-1,0,-1,0],[9E9,9E9,9E9,9E9,9E9,9E9]];
CONST robtarget pTopSpary:=[[169.902907873,-959.109173328,471.829424203],[0.027256127,0.683271884,0.729244579,0.024474059],[-1,-1,0,0],[9E9,9E9,9E9,9E9,9E9,9E9]];
CONST robtarget pFeedCut:=[[86.211693975,-680.45152226,449.035774336],[0.027256152,
```

```
0.683271999,0.729244472,0.024474019],[-1,0,0,0],[9E9,9E9,9E9,9E9,9E9,9E9]];
        PERS bool bLoadingOK:=FALSE;
        VAR intnum intno1:=0;
        CONST robtarget pHome10:=[[1395.69,0.00,1143.95],[0.324113,1.52282E-10,0.946018,4.40058E-10],
[0,0,0,0],[9E+09,9E+09,9E+09,9E+09,9E+09,9E+09]];
        CONST robtarget pPolish_B10:=[[-477.207478341,-294.32,103.96],[0.026332306,-0.0000022,
0.999653245,-0.000002466],[-1,-1,0,1],[9E9,9E9,9E9,9E9,9E9,9E9]];
        CONST robtarget pPolish_B20:=[[-403.449493255,-248.49845186,101.000437713],[0.069861204,
0.000000083,0.997556721,0.000000086],[-1,-1,0,1],[9E9,9E9,9E9,9E9,9E9,9E9]];
        CONST robtarget pPolish_B30:=[[-352.811875694,-291.843211201,101.409107147],[0.0698612,
0.000000019,0.997556722,0.000000005],[-1,-1,0,1],[9E9,9E9,9E9,9E9,9E9,9E9]];
        CONST robtarget pPolish_B40:=[[-378.875680781,-366.987505598,101.198753345],[0.069861202,
0.000000024,0.997556721,0.000000002],[-1,-1,0,1],[9E9,9E9,9E9,9E9,9E9,9E9]];
        CONST robtarget pPolish_B50:=[[-453.792751274,-364.282071984,100.594133492],[0.069861211,
0.000000036,0.997556721,0.000000023],[-1,-1,0,1],[9E9,9E9,9E9,9E9,9E9,9E9]];
        CONST robtarget pPolish_B60:=[[-442.993751743,150.446389278,100.681279632],[0.069861173,
-0.000000006,0.997556723,-0.000000016],[0,0,-1,1],[9E9,9E9,9E9,9E9,9E9,9E9]];
        CONST robtarget pPolish_B70:=[[-539.427124904,150.446403649,99.902996639],[0.06986119,
-0.000000013,0.997556722,0.000000001],[0,0,-1,1],[9E9,9E9,9E9,9E9,9E9,9E9]];
        CONST robtarget pPolish_B80:=[[-573.690968393,240.977426598,99.626488528],[0.069861194,
-0.000000046,0.997556722,-0.000000037],[0,0,-1,1],[9E9,9E9,9E9,9E9,9E9,9E9]];
        CONST robtarget pPolish_B90:=[[-489.101026376,305.420194692,100.309124401],[0.06986118,
-0.000000029,0.997556723,-0.000000042],[0,0,-1,1],[9E9,9E9,9E9,9E9,9E9,9E9]];
        CONST robtarget pPolish_B100:=[[-406.338790483,215.828761028,100.977108485],[0.069861182,
-0.000000043,0.997556723,-0.000000057],[0,0,-1,1],[9E9,9E9,9E9,9E9,9E9,9E9]];
        TASK PERS wobjdata wobjStationA:=[FALSE,TRUE,"",[[1536.73,0,185],[1,0,0,0]],[[0,0,0],[1,0,0,0]]];
        TASK PERS wobjdata wobjStationB:=[FALSE,TRUE,"",[[1536.73,0,185],[1,0,0,0]],[[0,0,0],[1,0,0,0]]];
```

2. 主程序

按照图 4-52 所示的机器人打磨控制流程图编写主程序。

```
    PROC main()
        rInitAll;
        While TRUE DO
        IF di06WorkStation1=1 THEN
            rCellA_Polishing;
        ELSEIF di07WorkStation2=1 THEN
            rCellB_Polishing;
```

```
        ENDIF
        WaitTime 0.3;
        ENDWHILE
    ENDPROC
```

3. 初始化程序

初始化程序主要用于设置加速度、速度、复位相关输出及连接中断程序。

```
    PROC rInitAll()
        AccSet 100,100;
        VelSet 100,3000;
        Reset do05pos2;
        Reset do04pos1;
        Reset soRobotInHome;
        Reset do01PolishOn;
        Reset do03FeedOn;
        Reset do02GasOn;
        IDelete intno1;
        CONNECT intno1 WITH tLoadingOK;
        ISignalDI di08LoadingOK, 1, intno1;
    ENDPROC
```

4. 工作台 1 打磨程序

按照图 4-53 所示的工作台 1 打磨程序流程图编写程序，其中两个圆形轨迹路径参照图 4-55 和图 4-56 进行设计。

```
    PROC rCellA_Polishing()
        rPolishingPathA;
        WaitUntil bLoadingOK=TRUE;
        rRotToCellB;
    ENDPROC
    PROC rPolishingPathA()
        MoveJ pHome,vmax,z10,tPolishTop\WObj:=wobj0;
        MoveJ Offs(pPolish_A10,0,0,350),v1000,z10,tPolishTop\WObj:=wobjStationA;
        MoveL pPolish_A10, v1000,fine, tPolishTop\WObj:=wobjStationA;
        MoveC pPolish_A20, pPolish_A30,v100,fine,tPolishTop\WObj:=wobjStationA;
        MoveC pPolish_A40, pPolish_A10,v100,fine,tPolishTop\WObj:=wobjStationA;
        MoveL Offs(pPolish_A10,0,0,150),v1000,z10,tPolishTop\WObj:=wobjStationA;
```

```
        MoveJ Offs(pPolish_A60,0,0,150),vmax,z10,tPolishTop\WObj:=wobjStationA;
        MoveL pPolish_A60, v1000,fine, tPolishTop\WObj:=wobjStationA;
        MoveC pPolish_A70, pPolish_A80,v100,fine,tPolishTop\WObj:=wobjStationA;
        MoveC pPolish_A90, pPolish_A60,v100,fine,tPolishTop\WObj:=wobjStationA;
        MoveL Offs(pPolish_A60,0,0,50),vmax,z10,tPolishTop\WObj:=wobjStationA;
        MoveJ pHome,vmax,fine,tPolishTop\WObj:=wobj0;
    ENDPROC
    PROC rRotToCellB()
        Set do05pos2;
        bLoadingOK:=FALSE;
        WaitTime 3;
        WaitDi di07WorkStation2, 1\MaxTime:=10;
        Reset do05pos2;
        bCell_B:=TRUE;
    ENDPROC
```

5. 工作台 2 打磨程序

参照工作台 1 打磨程序编写。

```
    PROC rCellB_Polishing()
        rPolishingPathB;
        WaitUntil bLoadingOK=TRUE;
        rRotToCellA;
    ENDPROC
    PROC rPolishingPathB()
        MoveJ pHome,vmax,z10,tPolishTop\WObj:=wobj0;
        MoveJ Offs(pPolish_B10,0,0,350),v1000,z10,tPolishTop\WObj:=wobjStationB;
        MoveL pPolish_B10, v1000,fine, tPolishTop\WObj:=wobjStationB;
        MoveC pPolish_B20, pPolish_B30,v100,fine,tPolishTop\WObj:=wobjStationB;
        MoveC pPolish_B40, pPolish_B10,v100,fine,tPolishTop\WObj:=wobjStationB;
        MoveL Offs(pPolish_B10,0,0,150),v1000,z10,tPolishTop\WObj:=wobjStationB;
        MoveJ Offs(pPolish_B60,0,0,150),vmax,z10,tPolishTop\WObj:=wobjStationB;
        MoveL pPolish_B60, v1000,fine, tPolishTop\WObj:=wobjStationB;
        MoveC pPolish_B70, pPolish_B80,v100,fine,tPolishTop\WObj:=wobjStationB;
        MoveC pPolish_B90, pPolish_B60,v100,fine,tPolishTop\WObj:=wobjStationB;
        MoveL Offs(pPolish_B60,0,0,50),vmax,z10,tPolishTop\WObj:=wobjStationB;
        MoveJ pHome,vmax,fine,tPolishTop\WObj:=wobj0;
    ENDPROC
```

```
PROC rRotToCellA()
    Set do04pos1;
    bLoadingOK:=FALSE;
    WaitTime 3;
    WaitDi di06WorkStation1,1\MaxTime:=10;
    Reset do04pos1;
    bCell_A:=TRUE;
ENDPROC
```

6. 中断程序

```
TRAP tLoadingOK
        bLoadingOK := TRUE;
ENDTRAP
```

4.4　机器人码垛实例

4.4.1　工作任务

机器人码垛为现代生产提供了更高的生产效率，大大节省了劳动力和空间占用。机器人码垛示意图和画面如图 4-57、图 4-58 所示。纸箱按确定的方向被放置到皮带机上的“放置点”，可以通过设置皮带机上的调向装置将纸箱按需要调整方向，调整好后纸箱被皮带机向左输送；当纸箱到达抓取点后，启动机器人动作，机器人完成抓取后，按照 M1→M2→M3→M4 的顺序进行堆垛动作；当完成 4 个区域的堆垛后，重复以上步骤，进入第二次码垛流程。其中皮带机采用变频调速方式运行，抓取装置采用真空吸盘。

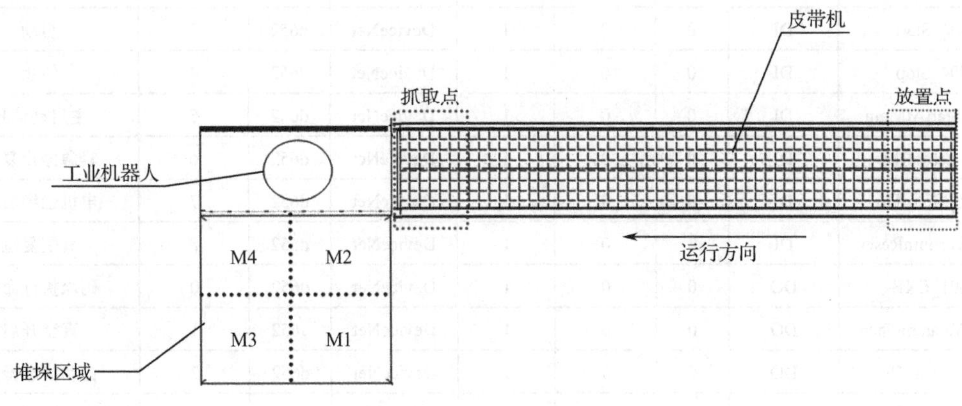

图 4-57　机器人码垛示意图

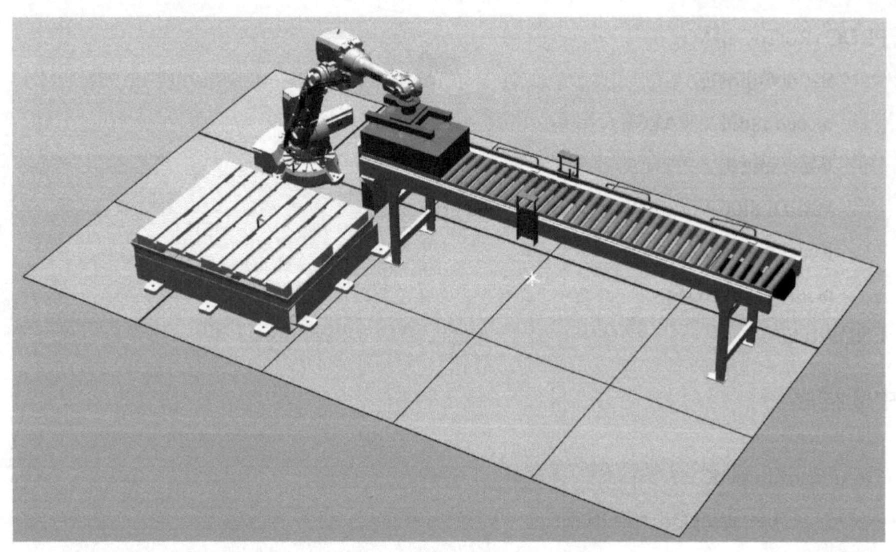

图 4-58　机器人码垛画面

4.4.2　机器人的输入/输出定义

根据任务要求，进行机器人码垛的输入/输出定义，如表 4-2 所示。其中输入分别是堆垛区域准备信号、纸箱到达抓取点、真空 OK、启动、停止、主启动信号、紧急停止复位、电机已经启动、真空复位共 9 个信号；输出分别是码垛执行命令、真空开启、自动状态指示、堆垛区域满箱输出、吸盘动作共 5 个信号。

表 4-2　输入/输出定义

名　称	类　型	值	最小值	最大值	网络	设备	设备映射	说　明
di00_BufferReady	DI	0	0	1	DeviceNet	d652	0	堆垛区域准备信号
di01_PanelInPickPos	DI	0	0	1	DeviceNet	d652	1	纸箱到达抓取点
di02_VacuumOK	DI	0	0	1	DeviceNet	d652	2	真空 OK
di03_Start	DI	0	0	1	DeviceNet	d652	3	启动
di04_Stop	DI	0	0	1	DeviceNet	d652	4	停止
di05_StartAtMain	DI	0	0	1	DeviceNet	d652	5	主启动信号
di06_EstopReset	DI	0	0	1	DeviceNet	d652	6	紧急停止复位
di07_MotorOn	DI	0	0	1	DeviceNet	d652	7	电机已经启动
di08_VacuumReset	DI	0	0	1	DeviceNet	d652	8	真空复位
do01_EXE	DO	0	0	1	DeviceNet	d652	0	码垛执行命令
do32_VacuumOpen	DO	0	0	1	DeviceNet	d652	1	真空开启
do33_AutoOn	DO	0	0	1	DeviceNet	d652	2	自动状态指示
do34_BufferFull	DO	0	0	1	DeviceNet	d652	3	堆垛区域满箱输出
doGrip	DO	0	0	1	DeviceNet	d652	4	吸盘动作

4.4.3　机器人码垛控制流程图

机器人码垛控制流程图

机器人码垛控制流程图如图 4-59 所示。首先是初始化程序，主要是将 nCount、bPickOK 参数设为初始状态值，并将真空开启动作复位；接下来依次是：置位码垛执行命令信号→调用抓取子程序→取消码垛执行命令信号→调用堆垛子程序；最后是等待 0.3 后进入下一次循环。

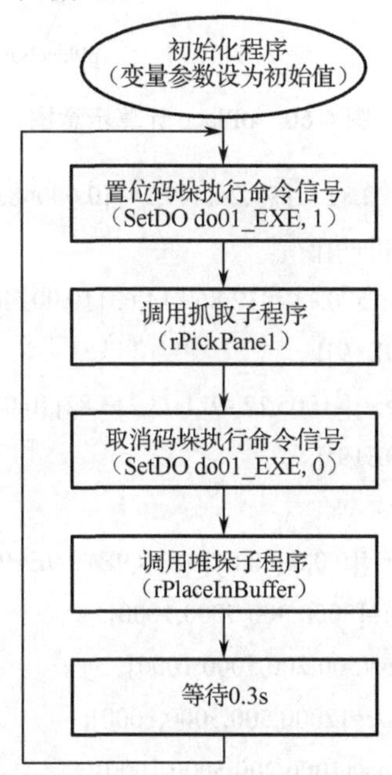

图 4-59　机器人码垛控制流程图

4.4.4　机器人 RAPID 程序编写

1. 变量定义

本实例采用 1 个工具坐标系 tGripper ；2 个工件坐标系，即 WobjBuffer 和 WobjCNV，WobjBuffer 针对堆垛位置，WobjCNV 针对皮带机；采用 4 个位置示教，分别是 pPick（抓取点）、pHome（初始点）、pPlaceBase（堆垛的基点）、pPlace（实际的堆垛位置），其中前面 3 个为常量，后面的 pPlace 为变量，根据堆垛位置子程序 rCalculatePos()计算得来，具体如下。

```
M1: pPlace:=Offs(pPlaceBase,0,0,0);
M2: pPlace:=Offs(pPlaceBase,nXoffset,0,0);
M3: pPlace:=Offs(pPlaceBase,0,nYoffset,0);
M4: pPlace:=Offs(pPlaceBase,nXoffset,nYoffset,0)。
```

pPlace 计算示意图如图 4-60 所示。

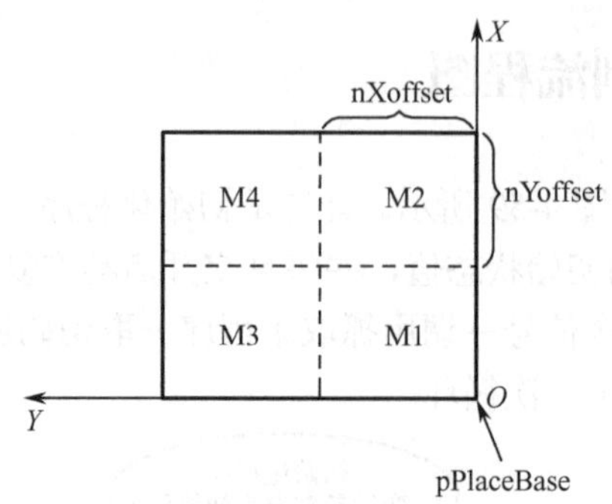

图 4-60　pPlace 计算示意图

```
CONST robtarget pPick:=[[222.81,-1891.24,449.34],[0.000483938,0.999946,0.00945297,0.00430885],[-1,0,0,0],[9E+9,9E+9,9E+9,9E+9,9E+9,9E+9]];
CONST robtarget pHome:=[[570.11,-937.86,814.63],[0.00146359,0.697535,0.716549,-0.000167573],[-1,0,0,0],[9E+9,9E+9,9E+9,9E+9,9E+9,9E+9]];
CONST robtarget pPlaceBase:=[[-1005.12,-921.73,213.82],[0.000917145,0.9999,0.0140678,-0.0011528],[-1,0,0,0],[9E+9,9E+9,9E+9,9E+9,9E+9,9E+9]];
PERS robtarget pPlace;
CONST jointtarget jposHome:=[[0,0,0,0,0,0],[9E+9,9E+9,9E+9,9E+9,9E+9,9E+9]];
CONST speeddata vLoadMax:=[3000,300,5000,1000];
CONST speeddata vLoadMin:=[500,200,5000,1000];
CONST speeddata vEmptyMax:=[2000,500,5000,1000];
CONST speeddata vEmptyMin:=[1000,200,5000,1000];
PERS num nCount:=4;
PERS num nXoffset:=460;
PERS num nYoffset:=600;
VAR bool bPickOK:=False;
TASK PERS tooldata tGripper:=[TRUE,[[0,0,115],[1,0,0,0]],[1,[0,0,100],[0,1,0,0],0,0,0]];
TASK PERS wobjdata WobjBuffer:=[FALSE,TRUE,"",[[-350.365,-355.079,418.761],[0.707547,0,0,0.706666]],[[0,0,0],[1,0,0,0]]];
TASK PERS wobjdata WobjCNV:=[FALSE,TRUE,"",[[-726.207,-645.04,600.015],[0.709205,-0.0075588,0.000732113,0.704961]],[[0,0,0],[1,0,0,0]]];
TASK PERS loaddata LoadFull:=[0.5,[0,0,3],[1,0,0,0],0,0,0];
```

2．主程序 main()

根据图 4-59 所示的机器人码垛控制流程图编写主程序。

```
PROC main()
rInitialize;
    WHILE TRUE DO
```

```
            SetDO do01_EXE,1;
            rPickPanel;
            SetDO do01_EXE,0;
            rPlaceInBuffer;
            WaitTime 0.3;
        ENDWHILE
    ENDPROC
```

3．初始化程序

初始化程序用于将 nCount、bPickOK 参数设为初始状态值，即“1”和“False”，并将真空开启动作复位。

```
    PROC rInitialize()
        nCount:=1;
        reset do32_VacuumOpen;
        bPickOK:=False;
    ENDPROC
```

4．抓取子程序

判断 bPickOK 状态，如果是 False（即非抓取状态），则执行抓取命令，否则提示相应信息。抓取命令步骤如下：先将机械手以 vEmptyMax（空载最大速度）移至 Offs(pPick,0,0,100)位置，在该位置等待纸箱到来。等纸箱到达抓取点时（即置位吸盘动作后）将机械手移至 pPick 位置，开启真空命令，此时将 bPickOK 置位（即抓取状态），设置机器人抓手负载为满载（LoadFull），抓取后返回到 Offs(pPick,0,0,100)位置。

```
    PROC rPickPanel()
        IF bPickOK=False THEN
            MoveJ Offs(pPick,0,0,100),vEmptyMax,z20,tGripper\WObj:=WobjCNV;
            WaitDI di01_PanelInPickPos,1;
            SetDo doGrip,1;
            MoveL pPick,vEmptyMin,fine,tGripper\WObj:=WobjCNV;
            Set do32_VacuumOpen;
            bPickOK:=TRUE;
            GripLoad LoadFull;
            MoveL Offs(pPick,0,0,100),vLoadMin,z10,tGripper\WObj:=WobjCNV;            ELSE
            TPERASE;
            TPWRITE "Cycle Restart Error";
            TPWRITE "Please check the Gripper and then press the start button";
            stop;
```

```
    ENDIF
ENDPROC
```

5. 堆垛子程序

当 bPickOK=TRUE（即抓取状态）时，先计算要堆垛的位置 M1、M2、M3、M4 的实际位置，再以 vLoadMax（带载最大速度）移至 Offs(pPlace,0,0,200)位置，然后以 vLoadMin（带载最小速度）直接放置到最终位置 pPlace 上，最后复位真空命令和吸盘动作；等待 0.3s 后，设置机器人抓手负载为空载（Load0）；复位 bPickOK，并以 vLoadMin 上移至 Offs(pPlace,0,0,200)位置，此时开始将下次堆垛的位置加 1，如果超过 4，则重新从 1 开始计算，并移至初始点位置等待将满箱的堆垛清空。

```
PROC rPlaceInBuffer()
    IF bPickOK=TRUE THEN
        rCalculatePos;
        MoveJ Offs(pPlace,0,0,200),vLoadMax,z50,tGripper\WObj:=WobjBuffer;
        MoveL pPlace,vLoadMin,fine,tGripper\WObj:=WobjBuffer;
        Reset do32_VacuumOpen;
        SetDo doGrip,0;
        WaitTime 0.3;
        GripLoad load0;
        bPickOK:=FALSE;
        MoveL Offs(pPlace,0,0,200), vLoadMin, z10, tGripper\WObj:=WobjBuffer;
        nCount:=nCount+1;
        IF nCount>4 THEN
            nCount:=1;
            MoveJ pHome,v1000,fine,tGripper;
        ENDIF
    ENDIF
ENDPROC
```

6. 计算堆垛位置子程序

根据 nCount 计算 M1～M4 的位置。

```
PROC rCalculatePos()
    TEST nCount
    CASE 1:
        pPlace:=Offs(pPlaceBase,0,0,0);
    CASE 2:
        pPlace:=Offs(pPlaceBase,nXoffset,0,0);
```

```
        CASE 3:
            pPlace:=Offs(pPlaceBase,0,nYoffset,0);
        CASE 4:
            pPlace:=Offs(pPlaceBase,nXoffset,nYoffset,0);
        DEFAULT:
            TPERASE;
            TPWRITE "The CountNumber is error,please check it!";
            STOP;
        ENDTEST
    ENDPROC
    ENDMODULE
```

【思考与练习】

1．判断下列说法正误，在后面的括号中填入 T（表示正确）或 F（表示错误）。

（1）RobotStudio 允许用户使用真实的物理 IRC5 控制器。（　）

（2）在 RobotStudio 中建立路径本质上就是编写多条指令。（　）

（3）RobotStudio 仿真选项无法创建碰撞监控。（　）

（4）ABB 机器人的 IRC5 控制器的 X2 端口与计算机相连可以构成 PROFINET。（　）

（5）ISignalDI 指令是取消中断连接指令。（　）

2．试搭建如图 4-61 所示的工作站，创建工件坐标、工具数据，使用自动路径，并用离线编程的方式实现仿真。

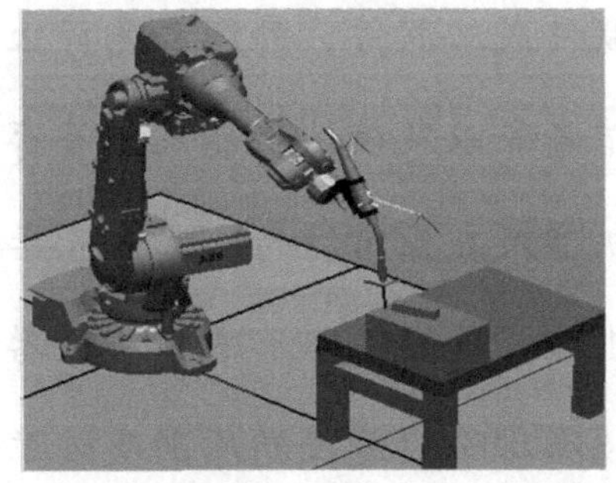

图 4-61　题 2 图

3．请将 RobotStudio 软件与实际机器人相连，修改其中的速度参数后进行下载测试，查看数据是否改变。

4．试在 4.3 节的机器人打磨实例中增加一个步骤，即工作台 1 打磨路径要重复 3 次才能完成。

5．试将 4.4 节机器人码垛实例中的工件坐标改为同一个，并进行程序修改、位置示教和程序调试。

工业机器人系统维护与故障处理

导读

在使用工业机器人的过程中，应该随时检查齿轮箱和减速机、气源处理三联件或二联件、外围紧急停止的动作、定位精度、示教器事件日志信息等以及确认机器人是否存在机械振动、异常响声等问题。工业机器人在正常运行一定时长后还必须进行必要的检修，检修时应列出检修项目清单。本章对机器人操作与检修制度、故障排除步骤、故障排除应遵循的原则及故障诊断与排除的基本方法等进行了详细说明，还对控制器与示教器的维护与故障处理、工业机器人本体故障诊断进行了重点介绍。

知识图谱

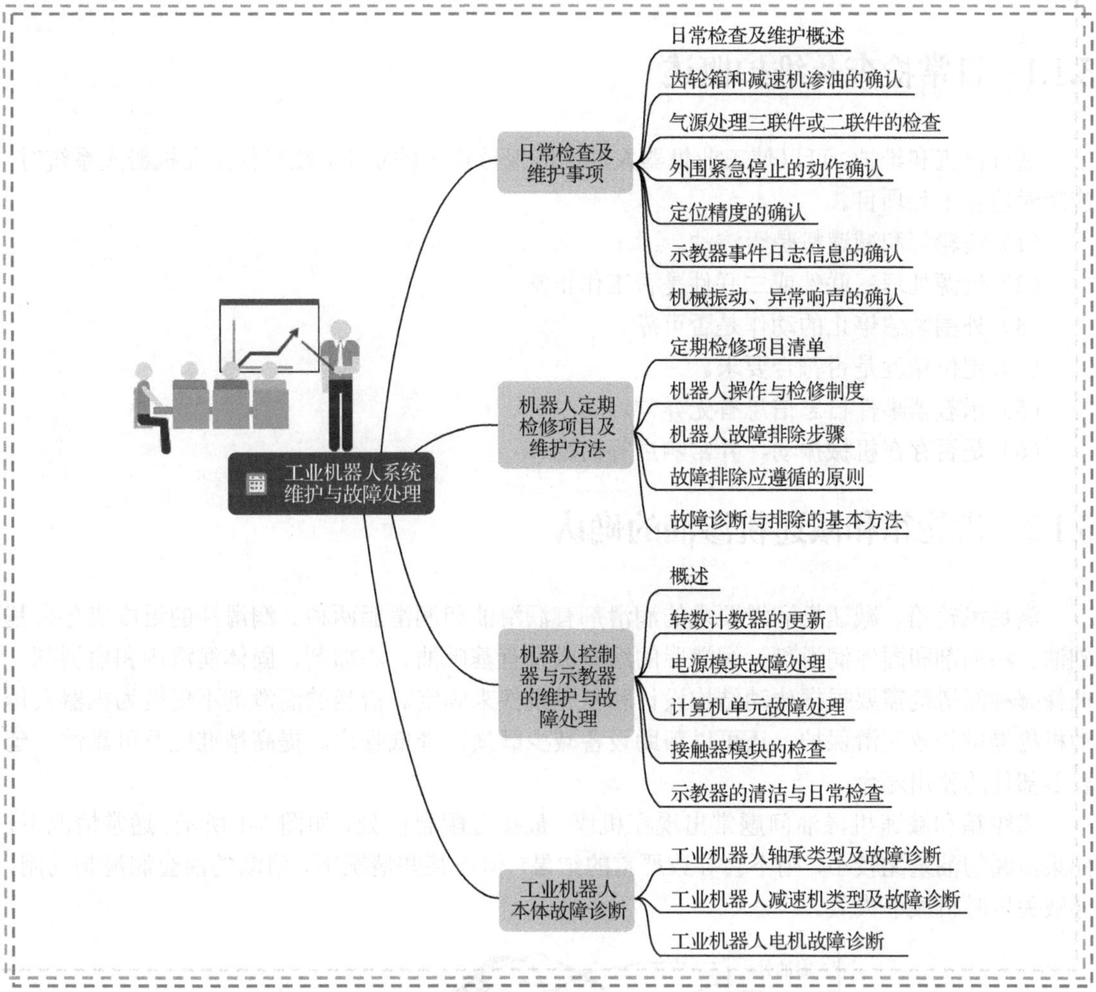

- 工业机器人系统维护与故障处理
  - 日常检查及维护事项
    - 日常检查及维护概述
    - 齿轮箱和减速机渗油的确认
    - 气源处理三联件或二联件的检查
    - 外围紧急停止的动作确认
    - 定位精度的确认
    - 示教器事件日志信息的确认
    - 机械振动、异常响声的确认
  - 机器人定期检修项目及维护方法
    - 定期检修项目清单
    - 机器人操作与检修制度
    - 机器人故障排除步骤
    - 故障排除应遵循的原则
    - 故障诊断与排除的基本方法
  - 机器人控制器与示教器的维护与故障处理
    - 概述
    - 转数计数器的更新
    - 电源模块故障处理
    - 计算机单元故障处理
    - 接触器模块的检查
    - 示教器的清洁与日常检查
  - 工业机器人本体故障诊断
    - 工业机器人轴承类型及故障诊断
    - 工业机器人减速机类型及故障诊断
    - 工业机器人电机故障诊断

5.1 日常检查及维护事项

5.1.1 日常检查及维护概述

通过检查和维护，可以使工业机器人的性能保持稳定的状态。在运行工业机器人系统时，应随时检查下列项目。

（1）齿轮箱和减速机是否渗油。

（2）气源处理三联件或二联件是否工作正常。

（3）外围紧急停止的动作是否可靠。

（4）定位精度是否符合要求。

（5）示教器事件日志信息有无异常。

（6）是否存在机械振动、异常响声等问题。

5.1.2 齿轮箱和减速机渗油的确认

满足齿轮箱、减速机润滑要求的润滑剂有润滑油和润滑脂两种。润滑油的组成成分有基础油、添加剂和固体润滑剂；润滑脂的组成成分有基础油、添加剂、固体润滑剂和增稠剂。选择哪种润滑剂需要根据传动结构设计和工况条件来确定。恰当的润滑剂不仅能为机器人传动机构提供长效润滑保护，还可以帮助设备减少磨损、降低噪声、提高精准度及可靠性，延长零部件的使用寿命。

齿轮箱和减速机渗油问题常出现在机座、最接近配合面处，如图 5-1 所示。通常情况下，如果泄漏的油量比较小，则不会导致严重的结果，但在某些情况下，泄漏的油会润滑制动闸，导致关机时机械手失效。

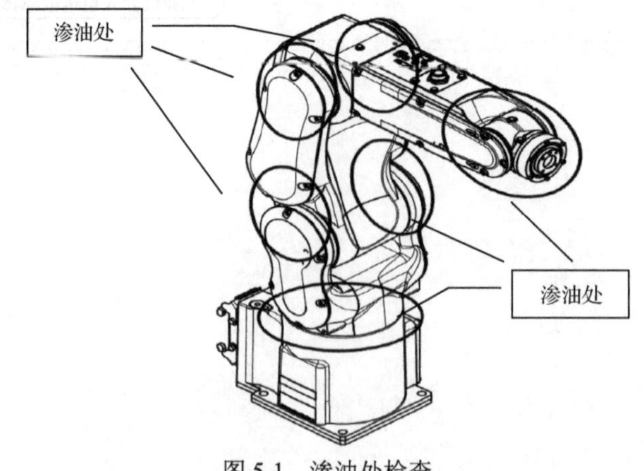

图 5-1　渗油处检查

齿轮箱和减速机渗油问题可能由以下原因引起。

（1）齿轮箱和电机之间缺少防泄漏密封或密封效果不佳。

（2）齿轮箱油面过高。

（3）使用的油的质量不合格。

（4）齿轮箱内出现过大压力。

（5）机械铸件出现问题。

解决措施：

① 根据动作条件和周围环境，油封的油唇外侧可能有油分渗出微量附着。当油分累积呈水滴状时，根据动作情况恐会滴下。在运转前清扫油封下侧的油分，可以防止油分的累积。

② 正常情况下释放过多油脂，降低润滑油起泡等现象。

③ 更换油品。

④ 如果驱动部变成高温，润滑脂槽内压可能会上升。在这种情况下，只要在运转刚刚结束后打开排脂口，就可以恢复内压。

⑤ 如果擦拭油分的频率很高，或者开放排脂口来恢复润滑脂槽的内压也得不到改善，那么很可能是铸件发生了龟裂等情况，润滑脂疑似泄漏，作为应急措施，可用密封剂封住裂缝防止润滑脂泄漏。如果裂缝有可能进一步扩大，则必须尽快更换部件。

5.1.3　气源处理三联件或二联件的检查

在工业机器人系统中，气源是必备的动力来源，因此一般需要采用气源处理三联件或二联件。如图 5-2 所示的气源处理三联件包括空气过滤器、减压阀和油雾器 3 部分，其中空气过滤器用于清洁气源，可过滤压缩空气中的水分，避免水分随气体进入装置；减压阀用于对气源进行稳压，可减少因气源气压突变对阀门或执行器等硬件造成的损伤；油雾器用于对机体运动部件进行润滑，可以对不方便加润滑油的部件进行润滑，从而延长机体的使用寿命。

图 5-2　气源处理三联件

气源处理三联件的安装顺序依进气方向分别为空气过滤器、减压阀和油雾器。空气过滤器和减压阀组合在一起称为气源处理二联件，如图 5-3 所示，由于某些品牌的电磁阀和汽缸能够实现无油润滑（靠润滑脂实现润滑），故不再需要使用油雾器。

气源处理三联件或二联件的检查方法如下。

（1）空气过滤器排水有压差排水与手动排水两种方式，当采用手动排水时，在水位达到滤芯下方水平位置之前，水必须排出。

（2）进行压力调节时，在转动旋钮前应先将其拉起再旋转，压下旋钮为定位。旋钮向右为调高出口压力，旋钮向左为调低出口压力。调节压力时，应逐步均匀地将压力调至所需压力值，不应一步调节到位。

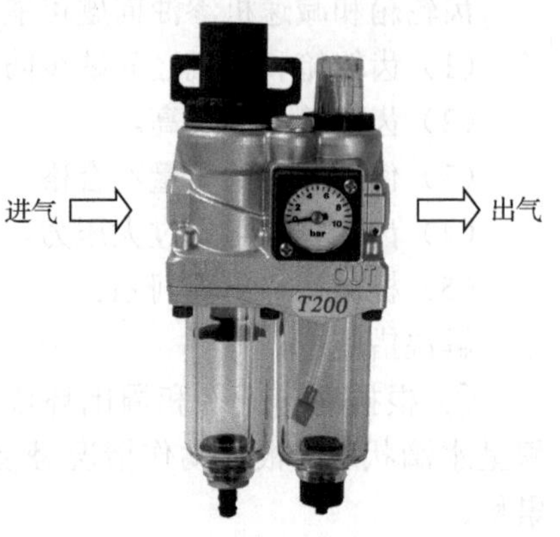

图 5-3　气源处理二联件

5.1.4　外围紧急停止的动作确认

1．紧急停止按钮的接线

当遇到紧急情况时，操作人员会第一时间按下急停按钮。机器人控制系统除了控制器、示教器上的紧急停止按钮，还可以通过 IRC5 控制器 XS7、XS8 两个端口来配置 ES1、ES2 紧急停止按钮，两个按钮同断同通，具体接线如图 5-4 所示。

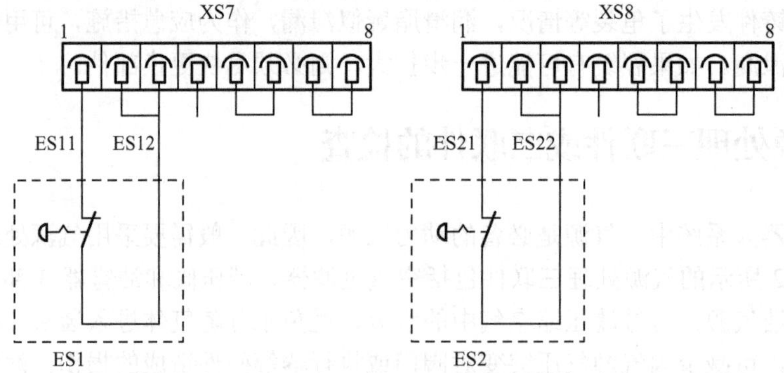

图 5-4　外接紧急停止按钮的接线

2．紧急停止的定义

紧急停止优先于任何其他机器人控制操作，它会断开机器人电机的驱动电源，停止所有运转部件，并切断由机器人系统控制且存在潜在危险的功能部件的电源。紧急停止状态意味着断开了机器人中除手动制动闸释放电路外的所有电源。

紧急停止分非受控停止和受控停止两种。

（1）非受控停止。断开机器人电机的电源，立刻停止机器人运行。

（2）受控停止。停止机器人运行，但为了保留机器人路径，不断开机器人电机的电源。

ABB 机器人默认设置是非受控停止。

3．机器人紧急停止后回原点的步骤

当按下紧急停止按钮时，机器人会停止，此时若要回到原点，应按照以下步骤进行操作。

（1）设置机器人工作在手动状态。

（2）先打开增量选项，选择合适的增量大小，再打开手动运行速度选项，选择 25%。

（3）选择工具坐标，按住示教器使能按钮，用示教器旋钮控制机器人沿着停机前的方向退回到安全位置，此时需要密切观察机器人的运动方向，以免反向旋转旋钮导致机器人反向运动，压坏模具、刀具和夹具等。

（4）选择工件坐标，用旋钮将机器人退到安全区域。

（5）在示教器菜单界面选择程序编辑器。

（6）先选择“PP 移至例行程序”，再选择返回原点子程序，在机器人回原点的过程中，观察机器人是否与周围物体碰撞。

（7）待故障排除后，将机器人控制柜钥匙扳到自动运行状态。

4. 日常检查要点

操作人员可以在手动和自动状态下对所有紧急停止按钮进行测试，确认它们的功能是否正常。

5.1.5　定位精度的确认

1. 日常检查

在日常检查时，应检查与上次操作相比机器人末端执行器是否发生位置偏离，停止位置是否出现离差等 。

当出现位置偏离时，解决措施如下。

① 排除机械部件故障。

② 当重复定位精度稳定时，应修改示教程序。只要不再发生碰撞，就不会发生位置偏移。当脉冲编码器异常时，应更换电机。

③ 改变外围设备的位置设置，并修改示教程序。

④ 重新输入正确的零点标定数据或重新进行零点标定。

2. 绝对精度的确认

表 5-1 所示为 ABB 机器人（以 IRB 6700 为例）技术指标中最重要的参数，即重复定位精度 RP 和重复循环精度 RT。表中的数据大多都在 0.05～0.12mm 之间，但是在实际应用中，经常会遇到如下问题：让机器人走直线，但走出来的线不太直；用机器人激光切割直径在 10mm 以内的圆孔，但切割出来的圆孔不圆；让机器人走 1m，但实际距离与预期距离相差了 2mm。

表 5-1　ABB 机器人精度参数

机器人型号	6700-200	6700-155	6700-235	6700-245
重复定位精度 RP（mm）	0.05	0.05	0.05	0.05
重复循环精度 RT（mm）	0.06	0.12	0.08	0.12
机器人型号	6700-205	6700-175	6700-150	6700-300
重复定位精度 RP（mm）	0.05	0.05	0.06	0.06
重复循环精度 RT（mm）	0.08	0.12	0.14	0.07

要解决上述问题，需要了解机器人技术指标中精度的含义。如图 5-5 所示为机器人重复定位精度 RP 和重复循环精度 RT 的轨迹示意图，图中各物理量的含义如表 5-2 所示。

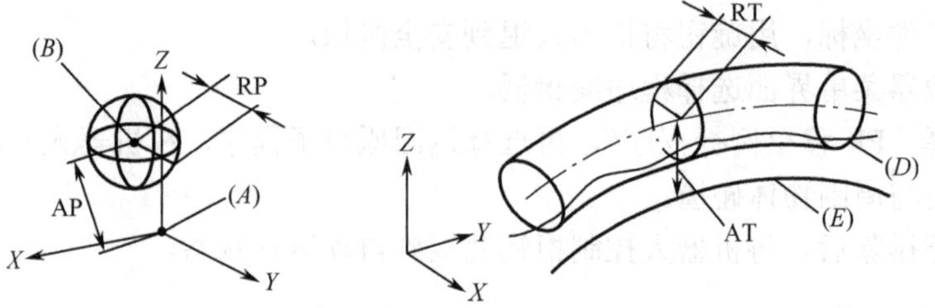

图 5-5　RP 和 RT 的轨迹示意图

表 5-2　RP 和 RT 轨迹示意图中各物理量的含义

名　称	描　述
A	机器人运动的理论编程位置
B	机器人运动的平均位置： 机器人运行到这个编程点 *N* 次，将机器人到达的位置全部记录下来，用一个最小的球来覆盖这些记录的机器人真实位置；球心 *B* 的位置就是机器人真实位置的平均位置
AP	位置精度： 机器人运动的真实位置与理论编程位置的平均偏差
RP	重复定位精度： 机器人 *N* 次往同一个理论编程点运动，所有的机器人真实到达位置被一个最小的球体覆盖，这个球体的半径就是重复定位精度
E	给机器人编程的一条轨迹
D	机器人真实走的轨迹之一： 实际上机器人每次走这段轨迹效果都是不一样的。让机器人走 *N* 次编程轨迹，并将轨迹记录下来，然后用一个弯曲的圆柱来包含所有轨迹，则这个圆柱的中心线就是统计出来的机器人平均轨迹线，如图 5-5 中虚线所示
AT	轨迹最大平均偏差： 理论轨迹与统计出来的平均轨迹线的偏差； 这个数值反映了机器人真实轨迹与理论编程轨迹的偏离程度
RT	重复循环精度： 机器人 *N* 次走一条固定的轨迹，所有的机器人真实轨迹被一个最小的蠕动圆柱覆盖，这个圆柱的半径就是重复循环精度

需要指出的是，机器人的精度指标只关注机器人点对点的运动，也就是说只关注机器人的目标点，而不关注机器人的整个路径，AP 和 RP 反映了机器人偏离理论编程点的程度；AT 反映了机器人真实轨迹与理论编程轨迹的偏离程度，以 IRB 6700 为例，其 AT 值一般为 1.5～1.9mm。

机器人的臂长越长，其精度越低。造成这个问题的原因，是理想模型与实际模型的差异。在软件中，模拟的机器人是一个理想的刚性连杆结构，受力时不发生变形，机器人系统的算法也是基于这样一个理想模型来进行的。但在实际中，受重力、工具负载及齿轮之间的间隙和磨损等因素影响，每个关节臂都不再是理论上的刚性模型了，机器人会产生变形，机器人在操作过程中会微微向下偏移一小段位移。

如果想让机器人尽量到达想要的零位，则可以让机器人向上偏移一点以克服重力和工具负载的作用，到底要让机器人向上偏移多少才能弥补变形呢？这需要使用机器人的“绝对精度”功能。如图 5-6 所示，通过“控制面板”→“配置”→“Motion”→“Robot”菜单选项启用 r1_calib，即可激活绝对精度功能。如图 5-7 所示为绝对精度功能已经启用。

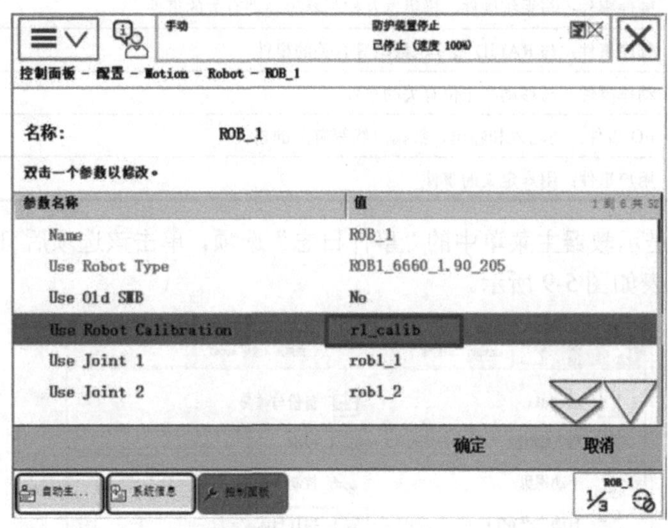

图 5-6　启用绝对精度

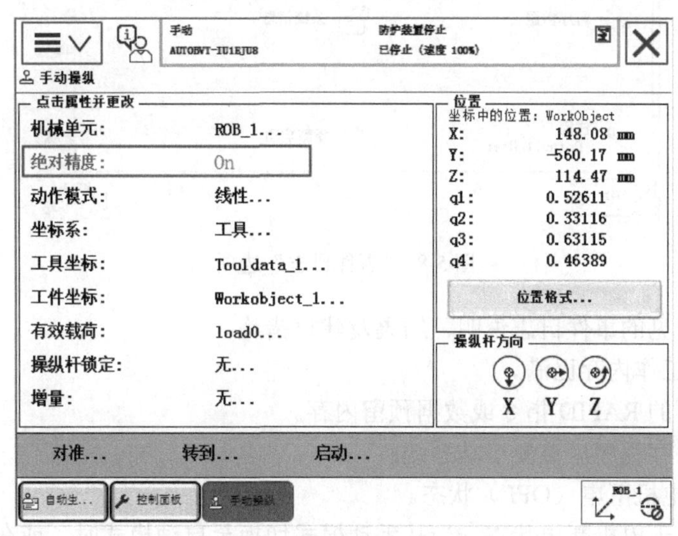

图 5-7　绝对精度功能已经启用

5.1.6　示教器事件日志信息的确认

示教器事件日志信息的确认

表 5-3 所示为示教器按照事件类型分类的编号，这些编号可以为故障诊断和处理提供依据。

表 5-3 示教器按照事件类型分类的编号

编号序列	事件类型
1 ××××	操作事件：与系统处理有关的事件
2 ××××	系统事件：与系统功能、系统状态等有关的事件
3 ××××	硬件事件：与系统硬件、操纵器及控制器等硬件有关的事件
4 ××××	程序事件：与 RAPID 指令、数据等有关的事件
5 ××××	动作事件：与移动和定位有关的事件
7 ××××	I/O 事件：与输入和输出、数据总线等有关的事件
8 ××××	用户事件：用户定义的事件

如图 5-8 所示是示教器主菜单中的“事件日志”选项，单击该选项后可以查看事件日志。具体的事件日志列表如图 5-9 所示。

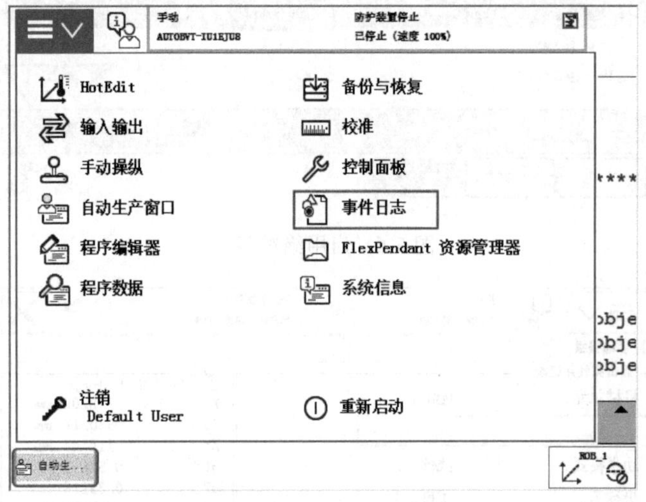

图 5-8 “事件日志”选项

以下为部分常见的事件日志说明、结果及建议措施。

（1）10009，工作内存已满。

说明：未给新的 RAPID 指令或数据预留内存。

建议措施：保存程序后重新启动系统。

（2）10010，电机下电（OFF）状态。

说明：系统处于电机断电状态。当从手动模式切换至自动模式时，或在程序执行过程中电机上电电路被打开后，系统会进入此状态。

结果：闭合电机上电电路之前无法进行操作，此时机械手轴被机械制动闸固定在适当的位置。

（3）10011，电机上电（ON）状态。

说明：系统处于电机上电状态。

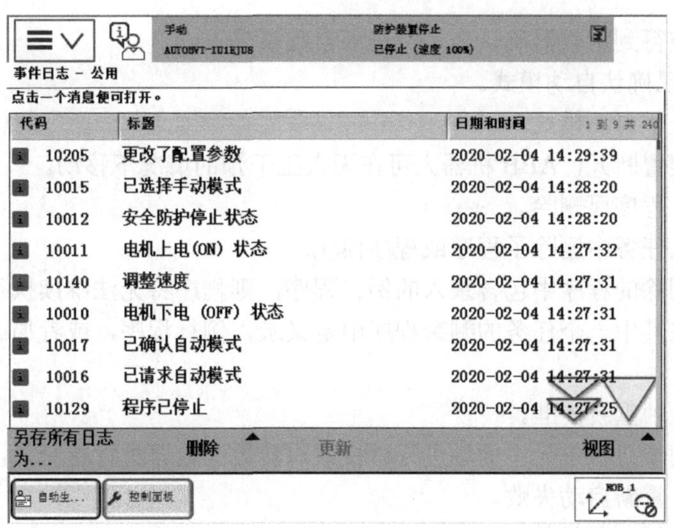

图 5-9　事件日志列表

结果：电机上电电路已经闭合，正在给机械手电机供电。

（4）10012，安全防护停止状态。

说明：系统处于防护停止状态。当从自动模式切换至手动模式时，或者由于出现紧急停止、常规停止、自动停止或上级停止而导致电机开启电路被断开时，均会进入此状态。

结果：闭合电机开启电路之前无法进行操作，此时机械手轴被机械制动闸固定在适当的位置。

可能原因：与系统停止输入端连接的安全设备已被断开。

建议措施：检查是哪个安全装置导致停止的；关闭该装置；要恢复操作，应将系统切换回电机上电状态。

（5）10013，紧急停止状态。

说明：紧急停止设备将电机开启电路断开，系统处于紧急停止状态。

可能原因：与紧急停止输入端连接的紧急停止设备已被断开。紧急停止设备可以在示教器上、控制器上，也可以是外接的。

建议措施：检查是哪个紧急停止装置导致停止的，关闭/重置该装置；要恢复操作，应将系统切换回电机开启状态。

（6）10014，系统故障状态。

说明：由于出现故障，已停止所有 NORMAL（正常）任务的执行。

结果：系统重新启动前无法执行程序或对操纵器进行手动控制。

建议措施：分析事件日志，判断导致停止的原因；修复故障；重新启动系统。

（7）10015，已选择手动模式。

说明：系统处于手动模式。

结果：系统能够执行设定的操作，但速度仅限于 250mm/s 以下。

（8）10016，已请求自动模式。

说明：已向系统发送指令，准备进入自动模式。

结果：系统在得到示教器确认之后将进入自动模式。

（9）10017，已确认自动模式。

说明：系统处于自动模式。

结果：手动装置断开，ABB 机器人可在无人工干预的情况下移动。

（10）10041，程序已删除。

说明：已经从任务中删除了程序或程序模块。

结果：如果删除的程序中包含录入的例行程序，则程序将无法继续执行。

建议措施：在其中一个任务的剩余程序中定义录入例行程序，或者加载包含录入例行程序的程序。

（11）10042，轴重新校准。

说明：已对同步机械单元中的轴进行微校或对转数计数器进行更新。

（12）10043，重新启动失败。

说明：无法重新启动任务。

（13）10044，程序指针已更新。

说明：任务可能更改了程序指针的位置。

（14）10045，系统已重新启动。

说明：重新启动了一个已安装的系统。

（15）10046，以冷启动模式重新启动系统。

说明：安装后首次启动。

（16）10048，背景任务无法停止。

说明：任务无故停止。

（17）10051，事件例行程序错误。

说明：任务无法启动指定的系统事件例行程序。

建议措施：将例行程序插入系统模块或修改程序。

（18）10052，返回启动。

说明：返回移动已启动。

（19）10053，返回就绪。

说明：返回移动就绪。

（20）10054，返回被拒绝。

说明：无法返回到路径，因为已有一个客户端发此指令。

建议措施：在执行已启动返回移动时，发出一个新的返回移动指令。

（21）10055，路径过程已重新启动。

说明：路径过程已重新启动。

（22）10060，使能链测试。

说明：始终在启动时测试使能链。如果测试失败，将出现有关使能的错误消息。

建议措施：如果启动时使能链测试失败，则相关的错误信息为“使能链超时”。

（23）10061，已修改目标。

说明：已经修改或调整任务中模块内的目标。

（24）10062，已编辑模块。

说明：已在行之间编辑了任务中的模块。

（25）10063，已编辑模块。

说明：已编辑任务中的模块。

（26）10066，无法加载系统模块。

说明：由于未找到文件，无法加载任务中的系统模块。

（27）10067，重设程序指针。

说明：无法重设任务的程序指针。

结果：程序将不能启动。

建议措施：若未加载任何程序，则应加载程序；检查程序是否具有主例行程序，如果没有主例行程序，则新增一个；检查程序中是否有错误，如果有，则进行更正；查看事件日志中先前的错误消息。

（28）10068，启动程序。

说明：无法启动任务的程序。

结果：程序将不执行。

（29）20172，系统故障。

说明：检测到使系统发生故障的错误。

结果：系统进入 SYSFAIL 状态。程序与机器人动作停止，电机关闭。

建议措施：检查同一时间出现的其他事件日志信息，以确定实际原因；解决故障；重新启动系统。

（30）20176，模拟系统输出超出限制。

说明："系统输出"的值、信号超出限制。

结果：未设置新值；保留模拟信号原有值。

建议措施：调整信号逻辑值并重启控制器。

（31）20177，电机相电路短路。

说明：与驱动模块单元相连接的电机或电机电缆出现短路。

结果：在纠正该错误之前无法进行操作，系统进入 SYSHALT 状态。

建议措施：确保电机电缆与驱动单元正确连接；测量电缆和电机的电阻，检查它们是否完好；更换所有故障组件。

（32）20181，系统重置被拒绝。

说明：不允许通过系统 I/O 重置系统。

（33）20184，系统输入的自变量不正确。

说明：已经为系统 I/O 声明了未定义的启动模式。

（34）20187，已创建诊断记录文件。

说明：由于出现故障（无论多少个），在相应位置创建了系统诊断文件。该文件包含内部调试信息，用于进行故障排除和调试。

（35）20188，系统数据无效。

说明：包含系统保持数据的文件内容无效。

结果：重新启动后，对系统配置或 RAPID 程序所做的任何更改都不可用。

建议措施：检查同一时间出现的其他事件日志信息，以确定实际原因；如果可行，使用加载的正常系统数据重新启动；重新安装系统；检查可用磁盘存储空间，如果有必要，删除数据以增加自由存储空间。

（36）20195，上次关闭该系统时，系统数据丢失。

说明：上次关机时保存数据失败。

结果：重新启动后，对系统配置或 RAPID 程序所做的任何更改都不可用。

（37）20196，已保存模块。

说明：在重新配置系统时发现一个已更改且未保存的模块。

5.1.7 机械振动、异常响声的确认

当工业机器人出现机械振动、异常响声等问题时，具体的解决措施如下所述。

（1）如果发现螺栓松动，则使用防松胶以适当的力矩拧紧螺栓；如果发现底板的平面度不符合要求，则改变底板平面度，使其在公差范围内；如果发现有异物，则将异物清除。

（2）加固架台、地板面，提高它们的刚性。当难以加固架台、地板面时，通过改变动作程序改善机械振动。

（3）确认机器人的负载允许值。当机器人的负载超过允许值时，减小负载或者改变动作程序。

（4）使机器人每个轴单独动作，确认哪个轴产生振动。拆下存在振动问题的轴的电机，更换齿轮、轴承、减速机等部件。

（5）如果更换部件后，机器人仅在特定姿势下振动，则可能是由机构部内电缆断线导致的。确认机构部和控制装置连接电缆上是否有外伤，如有外伤，则更换连接电缆；确认电源电缆上是否有外伤，如有外伤，则更换电源电缆。

（6）作为动作控制用的变量，确认已经输入正确的变量值，如果有错误，则重新输入变量值。

（7）连接地线，以避免接地碰撞，防止电气噪声从别处混入。

5.2 机器人定期检修项目及维护方法

5.2.1 定期检修项目清单

工业机器人在正常运行一定时长后，必须进行必要的检修。表 5-4 所示为定期检修项目清单，对于不常开机的机器人，也需要按照规定时长进行定期检修，如 3 个月、6 个月、9 个月、1 年、2 年分别对应 960H、1920H、2880H、3840H、7680H。在完成检修作业后，应填写定期检修卡片。

表 5-4　定期检修项目清单

检修和更换项目 \ 累计运转时间（H）			检查时间	供脂量	首次检修 320	960	1920	2880	3840	4800	5760	6720	7680	8640	9600	10560
机构部	1	外伤、油漆脱落的确认	0.1H	—		○	○	○	○	○	○	○	○	○	○	○
	2	沾水的确认	0.1H	—		○	○	○	○	○	○	○	○	○	○	○
	3	露出的连接器是否松动	0.2H	—		○			○				○			
	4	末端执行器安装螺栓的紧固	0.2H	—		○			○				○			
	5	盖板安装螺栓、外部主要螺栓的紧固	2.0H	—		○			○				○			
	6	机械式制动器的检修	0.1H	—		○			○				○			
	7	垃圾、灰尘等的清除	1.0H	—	○	○	○	○	○	○	○	○	○	○	○	○
	8	机械手电缆、外设电池电缆（可选购项）的检查	0.1H	—					○				○			
	9	电池的更换（指定内置电池时）	0.1H	—					●				●			
	10	各轴减速机的供脂	0.5H	12ml												
	11	机构部内电缆的更换	4.0H	—												
控制装置	12	示教器、操作箱的连接电缆有无损伤	0.2H	—		○			○				○			
	13	通风口的清洁	0.2H	—	○	○	○	○	○	○	○	○	○	○	○	○
	14	电池的更换	0.1H	—												

注：○表示检查更换时不影响机器人下次正常开机；●表示检查更换时需要做好参数调整以便下次正常开机。

5.2.2　机器人操作与检修制度

操作人员应以主人翁的态度对机器人做到正确使用、精心维护，坚持维护与检修并重，严格执行岗位责任制，确保在用设备完好。

操作人员应通过学习和练习做到“四懂、三会”（即懂性能、懂原理、懂结构、懂用途；会使用、会维护与保养、会排除故障），并有权制止他人私自动用自己岗位的设备；对未采取防范措施或未经主管部门审批超负荷使用的设备，有权停止使用；若发现设备运转不正常、超期未检修、安全装置不符合规定等，应立即上报，并停止使用设备。

5.2.3 机器人故障排除步骤

机器人发生故障后，其故障诊断与故障排除思路大体是相同的，主要应遵循以下几个步骤。

1. 调查故障现场，充分掌握故障信息

当机器人发生故障时，维修人员对故障的确认是非常重要的。此时，不应该也不能让非专业人士随意开动机器人，以免故障进一步扩大。

在机器人出现故障后，维修人员不要急于动手处理。首先，要查看故障记录，向操作人员询问故障出现的全过程；其次，在确认通电对机器人系统无危险的情况下，再通电亲自观察。要特别注意以下故障信息。

- 在故障发生时，报警号和报警提示是什么？有哪些指示灯和发光管报警？
- 如无报警，机器人处于何种工作状态？机器人的工作方式和诊断结果如何？
- 故障发生在哪个功能下？故障发生前进行了何种操作？
- 故障发生时，机器人在哪个位置上？姿态有无异常？
- 以前是否发生过类似的故障？现场有无异常现象？故障是否重复发生？
- 观察机器人的外观、内部各部分有无异常？

2. 根据所掌握的故障信息，明确故障的复杂程度

在充分调查现场并掌握第一手资料的基础上，把故障部位的全部疑点正确地列出来。

3. 分析故障原因，制订故障排除方案

在分析故障原因时，维修人员不应局限于某一部分，而是要对机器人的机械、电气、软件等系统都做详细的检查，并进行综合判断，制订故障排除方案，以达到快速诊断和高效排除故障的目的。

4. 检测故障，逐级定位故障部位

根据预测的故障原因和预先确定的故障排除方案，用试验的方法进行验证，逐级定位故障部位，最终找出发生故障的真正部位。

5. 故障的排除

根据故障部位及发生故障的准确原因，采用合理的故障排除方法，高效、高质量地修复机器人系统，尽快让机器人投入生产。

6. 解决故障后资料的整理

排除故障后，应迅速恢复机器人现场，并做好相关资料的整理、总结工作，以便提高自己的业务水平，方便机器人的后续维护和维修。

5.2.4 故障排除应遵循的原则

1. 先静后动

当机器人发生故障时，维修人员要做到先静后动，不可盲目动手，应先询问操作人员故障发生的过程，阅读设备使用说明书、图样资料，而后动手查找和处理故障。如果一上来就碰这儿敲那儿，则极易引入新的故障，导致更严重的后果。

对发生故障的机器人也要秉承“先静后动”的原则，先在机器人断电的状态下进行观察、测试和分析，确认为非恶性故障或非破坏性故障后，方可给机器人通电。在运行工况下，进行动态观察、检验和测试，查找故障。对恶性、破坏性故障，必须先排除危险后方可通电，再在运行工况下进行动态诊断。

2. 先软件后硬件

当发生故障的机器人通电后，应先检查控制系统的工作是否正常，因为有些故障是由系统中参数丢失或者操作人员的使用方式、操作方法不当造成的。切忌一上来就大拆大卸，以免造成更严重的后果。

3. 先外部后内部

在检修机器人时，要求维修人员遵循“先外部后内部”的原则，即在机器人发生故障后，维修人员应先采用问、看、听、触、嗅等方法，由外向内逐一进行检查。

此外，应尽量避免随意启封、拆卸，以免扩大故障范围，使机器人丧失精度，导致性能下降。

4. 先机械后电气

由于机器人是一种自动化程度高、技术比较复杂的先进设备，一般来说，机械故障较易察觉，而控制系统的故障诊断难度要大些。“先机械后电气”的原则是指在机器人的检修过程中，先检查机械部分，再检查控制系统。从经验上看，机械部分的检修比较直接，现象比较明显，所以在故障检修时应先排除机械故障，这样可以达到事半功倍的效果。

5. 先公用后专用

公用性问题往往会影响到全局，而专用性问题只影响局部。例如，当机器人的多个轴或全部轴都不能运动时，应先检查各轴公用的主控制板、急停控制、电源等部分并排除故障，再设法进行某轴局部问题的解决。只有先解决影响面大的主要矛盾，局部的、次要的矛盾才可能迎刃而解。

6. 先简单后复杂

当多种故障相互交织掩盖、一时无法下手时，应先解决简单的问题，后解决复杂的问题。通常来说，在解决简单问题的过程中，复杂问题可能变得容易，或者在排除简单故障时受到启发，对复杂故障的认识更为清晰，从而有了解决办法。

7. 先一般后特殊

在排除某一故障时，应先考虑最常见的故障原因，再分析很少发生的特殊故障原因。例如，当机器人运动轨迹出现整体偏差时，先检查机器人零点数据是否发生了变化，再检查脉冲编码器、主控制板等其他环节。

总之，在机器人出现故障后，要视解决故障的难易程度及故障是否属于常见故障等具体情况，合理采用分析问题和解决问题的方法。

5.2.5 故障诊断与排除的基本方法

1. 观察检查法

（1）直观检查。

直观检查是指依靠人的感觉器官并借助一些简单的仪器来寻找机器人的故障原因。这种方法在维修中是最常用的，也是要首先被采用的。

（2）预检查。

预检查是指维修人员根据自身经验，判断最有可能发生故障的部位，然后进行故障检查，进而排除故障。若能在预检查阶段就确定故障部位，可显著缩短故障诊断时间。某些常见故障在预检查过程中即可被发现并排除。

（3）电源、接地、插头连接检查。

我国工业用电的电网波动较大，而电源是控制系统的主要能源供应部分，电源不正常，控制系统的工作必然异常。机器人上所有的电缆在维修前均应进行严格检查，看其屏蔽、隔离是否良好；按机器人技术手册要求对接地进行严格测试；检查各电路板之间的连接是否正确，接口电缆是否符合要求。

2. 参数检查法

机器人系统中有很多参数变量，这些参数变量是经过理论计算并通过一系列实验不断调整而获得的重要数据，是保证机器人正常运行的前提条件。各参数变量一般存放于机器人的存储器中，一旦电池电量不足或受到外界的干扰等，可能会导致部分参数变量丢失或变化，使机器人无法正常工作。因此，检查和恢复机器人的参数变量，是维修中行之有效的方法之一。

3. 部件替换法

现代机器人系统大都采用模块化设计，按功能不同划分为不同的模块。电路的集成规模越来越大，技术也越来越复杂，按照常规的方法很难将故障定位在一个很小的区域。在这种情况下，利用部件替换法可快速找到故障，缩短停机时间。

部件替换法是在大致确定故障范围，并确认外部条件完全相符的情况下，利用相同的电路板、模块或元器件来替代怀疑目标。如果故障现象仍然存在，则说明故障与所怀疑目标无关；若故障消失或转移，则说明怀疑目标正是故障点。

部件替换法是电气修理中常用的一种方法，其主要优点是简单易行，能把故障范围缩小到相应的部件上，但如果使用不当，也会带来很多麻烦，造成人为故障，因此，正确使用部件替换法可提高维修工作效率和避免人为故障。

除了上面介绍的 3 种主要故障诊断与排除方法，还有隔离法、升降温法、测量对比法等维修方法，维修人员在实际应用时应根据不同的故障现象灵活应用维修方法，逐步缩小故障范围，最终排除故障。

5.3 机器人控制器与示教器的维护与故障处理

5.3.1 概述

机器人控制器接口

机器人控制器和示教器是机器人系统的重要组成部分，当它们出现故障时，必须按照图 5-10 所示检查示教器电缆、转速计数器电缆、电机动力电缆等接口是否正常，同时对示教器的日志信息进行读取和判断。

图 5-10 检查电缆接口情况

如图 5-11 所示为机器人控制器的网口分布图，其中 X2 是服务端口，其 IP 地址固定；X3 端口连接示教器；X7 端口连接安全板；X9 端口连接轴计算机。PROFINET 可以连接 WAN 口或者 LAN3 口，根据设置连接。

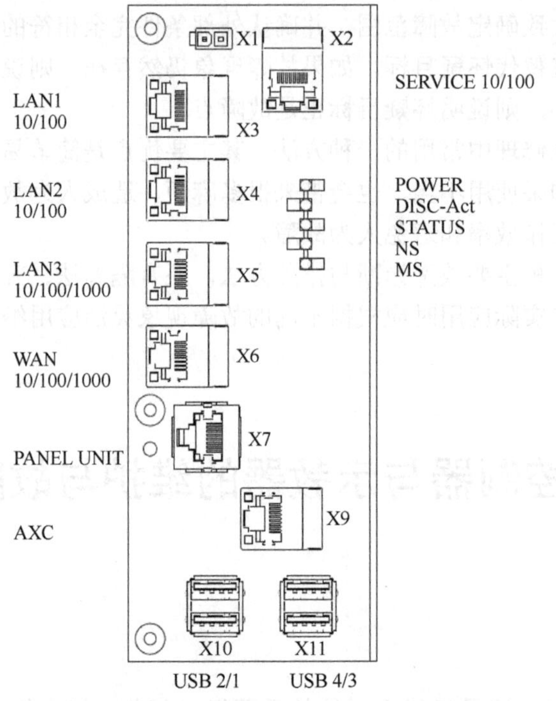

图 5-11　机器人控制器的网口分布图

5.3.2　转数计数器的更新

转数计数器的更新

1．转数计数器更新的几种情况

工业机器人的 6 个关节各有一个机械原点。当出现以下情况时，需要对机械原点的位置进行转数计数器的更新操作：

① 更换伺服电机转数计数器的电池后；

② 转数计数器发生故障并修复后；

③ 转数计数器与测量板之前断开过；

④ 断电后，机器人关机轴发生了移动；

⑤ 当系统报警提示“10036 转数计数器未更新”时。

2．转数计数器更新的具体步骤

IRB 120 机器人转数计数器更新的具体步骤如下所述。

（1）使用手动操作使机器人各个关节轴运动到机械原点刻度位置的顺序为 4-5-6-1-2-3。在手动操纵菜单中，选择“轴 4-6”动作模式，使关节轴 4 运动到机械原点的刻度位置，如图 5-12 所示。

如图 5-13 所示，选择“轴 4-6”动作模式，使关节轴 5 运动到机械原点的刻度位置。

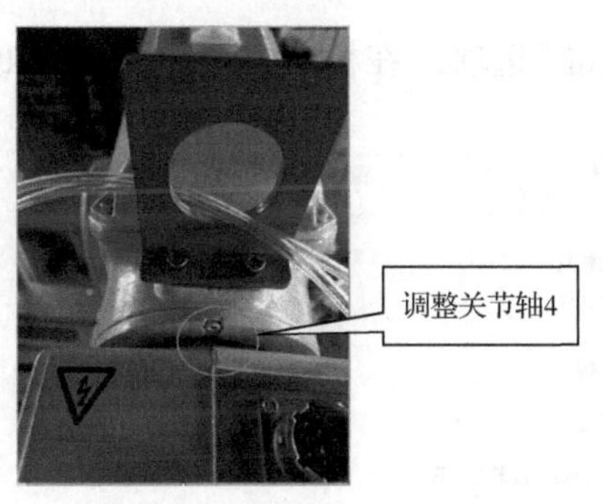

图 5-12　调整关节轴 4

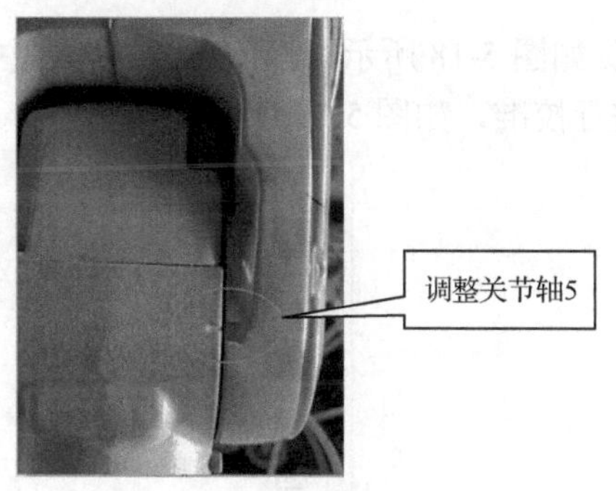

图 5-13　调整关节轴 5

如图 5-14 所示，选择“轴 4-6”动作模式，使关节轴 6 运动到机械原点的刻度位置。

如图 5-15 所示，选择“轴 1-3”动作模式，使关节轴 1 运动到机械原点的刻度位置。

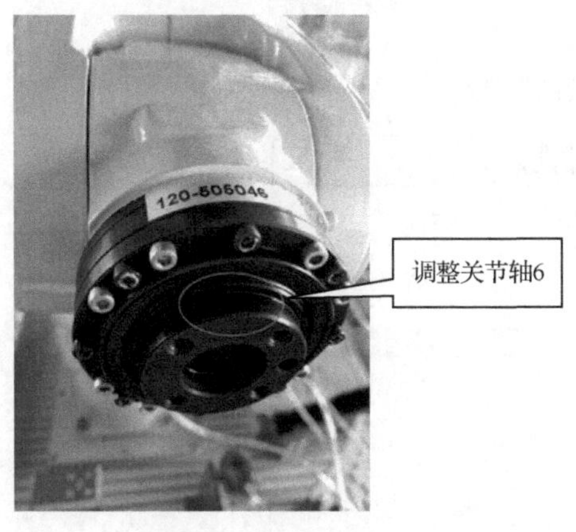

图 5-14　调整关节轴 6

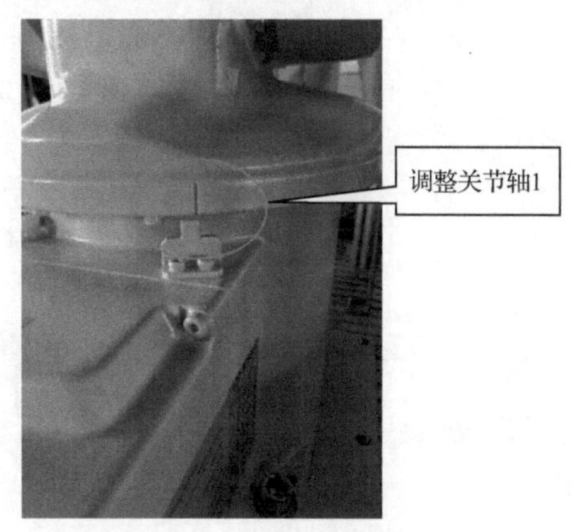

图 5-15　调整关节轴 1

如图 5-16 所示，选择“轴 1-3”动作模式，使关节轴 2 运动到机械原点的刻度位置。

如图 5-17 所示，选择“轴 1-3”动作模式，使关节轴 3 运动到机械原点的刻度位置。

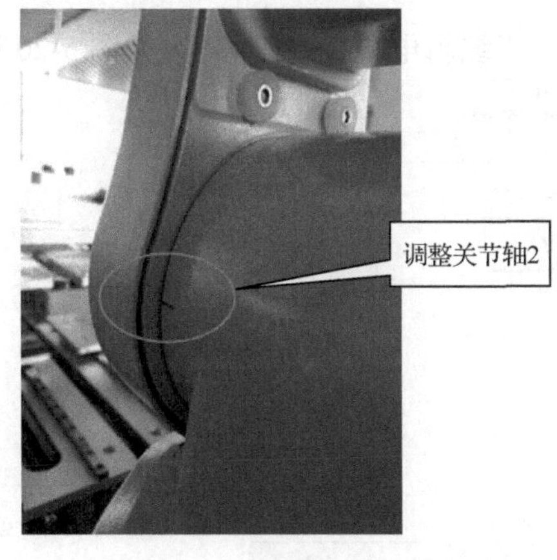

图 5-16　调整关节轴 2

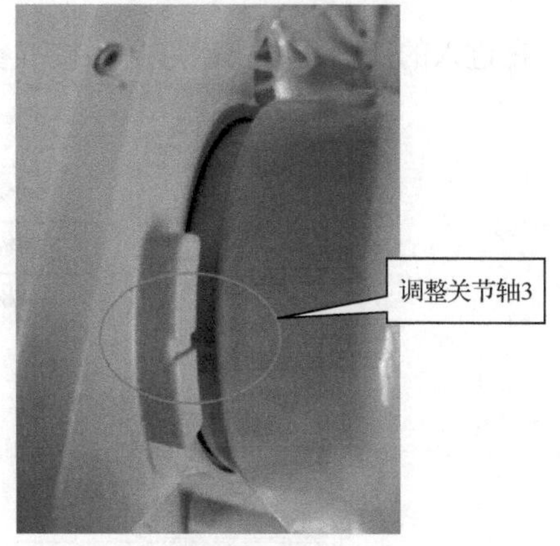

图 5-17　调整关节轴 3

（2）示教器按如下步骤进行操作。

① 如图 5-18 所示，在示教器主菜单中选择“校准”选项。在校准画面中，单击“ROB_1”选项进行校准，如图 5-19 所示。

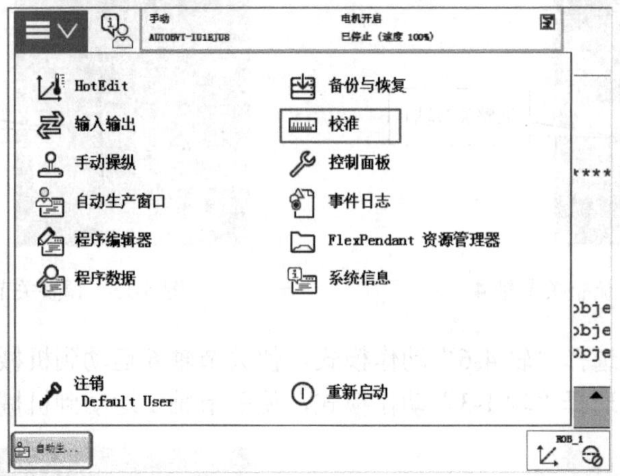

图 5-18 选择“校准”选项

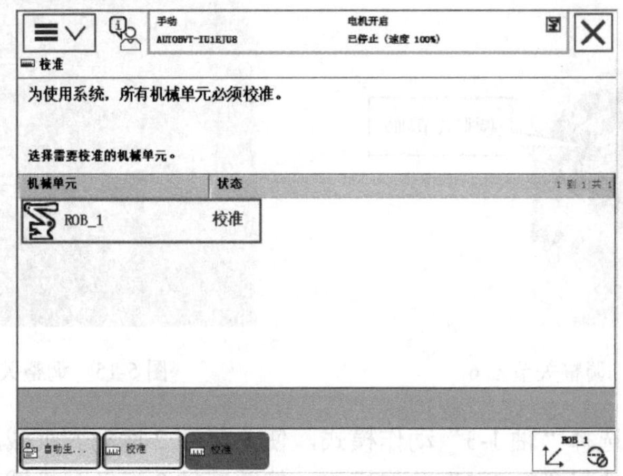

图 5-19 选择“ROB_1”进行校准

② 在进入的新画面中依次选择“校准参数”→“编辑电机校准偏移”，如图 5-20 所示。

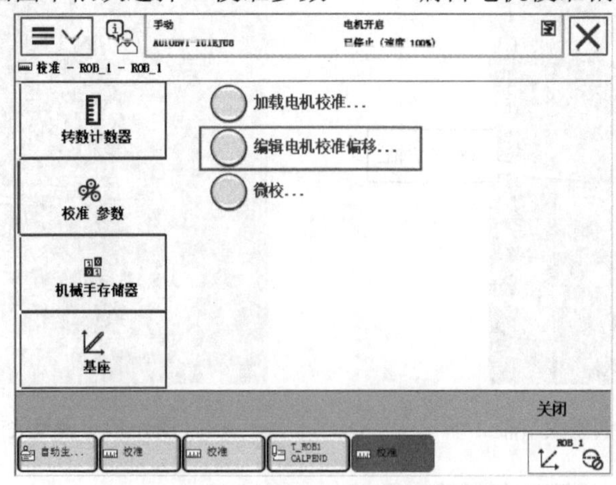

图 5-20 编辑电机校准偏移

在弹出的警告窗口中单击“是”按钮，如图 5-21 所示。

图 5-21　警告窗口

③ 将机器人的电机校准偏移值记录下来，填入图 5-22 所示的校准参数 rob1_1～rob1_6 的偏移值中。如果示教器中显示的数值与机器人本体上的标签值一致，则无须修改。

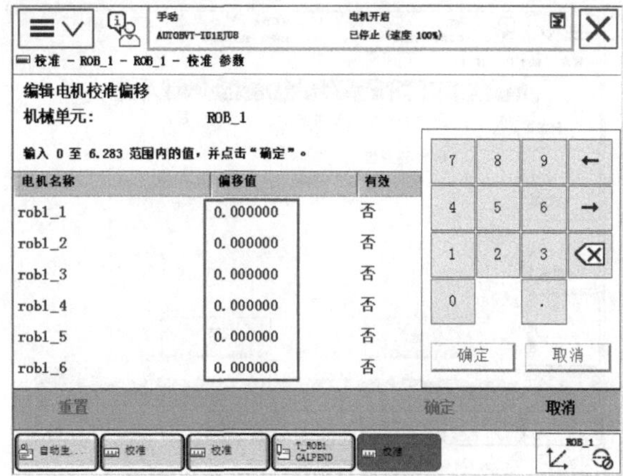

图 5-22　记录并填写电机校准偏移值

要使参数生效，必须单击“确定”按钮，重新启动系统，如图 5-23 所示。

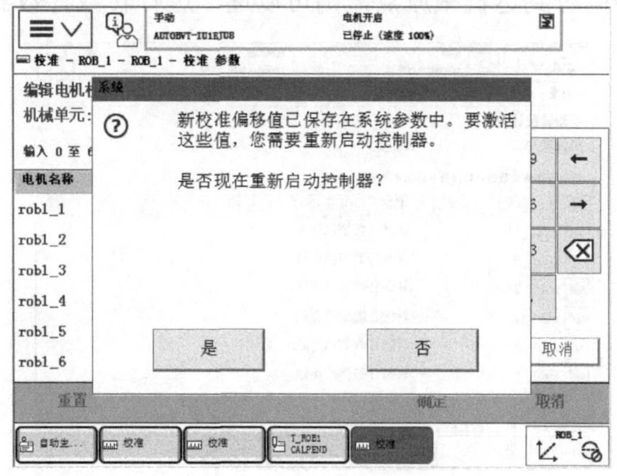

图 5-23　重新启动系统

④ 重新启动系统后，在示教器主菜单中选择“校准”选项，在校准画面中单击“ROB_1”选项。在如图 5-24 所示画面中单击“转数计数器”选项，选择“更新转数计数器”。

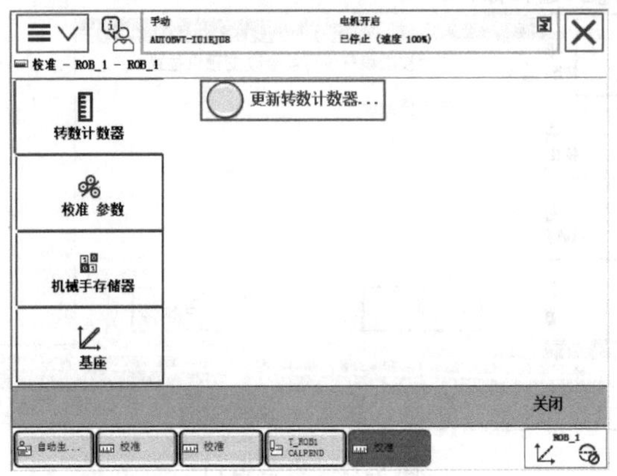

图 5-24　选择“更新转数计数器”

此时系统提示是否更新转数计数器，单击“是”按钮，如图 5-25 所示。

图 5-25　更新转数计数器警告窗口

单击“全选”按钮，选择 6 个轴同时进行更新操作，如图 5-26 所示。若机器人由于安装位置关系无法使 6 个轴同时到达机械原点，则可以逐一进行转数计数器的更新。

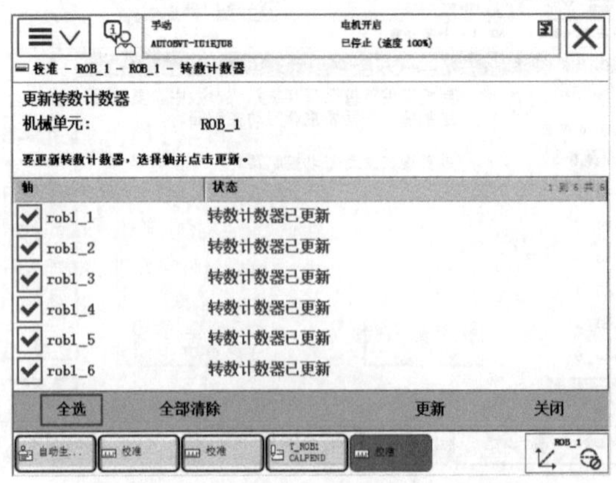

图 5-26　单击“全选”按钮进行更新操作

⑤ 转数计数器更新完成后会出现如图 5-27 所示的提示信息。

图 5-27　转数计数器更新完成后的提示信息

5.3.3　电源模块故障处理

IRC5 控制器共有 2 种电源模块，分别是客户 I/O 电源模块和系统电源模块。

（1）客户 I/O 电源模块的状态指示。

绿灯：所有直流输出都超出指定的最低水平。

熄灭：一个或多个 DC 输出低于指定的最低水平。

（2）系统电源模块的状态指示。

绿灯：所有直流输出都超出指定的最低水平。

熄灭：一个或多个 DC 输出低于指定的最低水平。

5.3.4　计算机单元故障处理

如图 5-28 所示为机器人计算机单元 LED 指示灯。

POWER
DISC-Act
STATUS
NS
MS

图 5-28　计算机单元 LED 指示灯

表 5-5 为计算机单元 LED 指示灯不同状态的含义，维修人员可以根据相应的指示灯情况进行故障处理。

表 5-5　计算机单元 LED 指示灯的状态和含义

指示灯名称	指示灯状态	状 态 含 义
POWER（绿）	熄灭	正常启动时，计算机单元内的 COM 快速模块未启动
	长亮	正常启动完成
	1~4 下短闪，1s 熄灭	启动期间遇到故障，可能是电源、FPGA 或 COM 快速模式熄灭
	1~5 下短闪，20 下快速闪烁	运行时电源出现故障，重启控制柜后检查主计算机电压
DISC-Act（黄）	闪烁	正在读写 SD 卡
STATUS（红/绿）	启动时红色长亮	正在加载 BootLoader
	启动时红色闪烁	正在加载镜像数据
	启动时绿色闪烁	正在加载 RobotWare
	启动时绿色长亮	系统启动完成

续表

指示灯名称	指示灯状态	状态含义
STATUS（红/绿）	红色长亮或闪烁	检查 SD 卡
	绿色闪烁	查看示教器上的信息提示
MS	熄灭	无电源输入
	绿色长亮	正常
	绿色闪烁	系统参数有问题，详情见示教器提示
	红色闪烁	轻微故障，详情见示教器提示
	红/绿闪烁	自检中
NS	熄灭	无电源输入或未能完成 Dup_MAC_ID 测试
	绿色长亮	正常
	绿色闪烁	模块上线了，但未能与其他模块建立连接
	红色闪烁	连接超时，详情见示教器提示
	红色长亮	通信出错

5.3.5 接触器模块的检查

如图 5-29 所示为接触器模块工作示意图，当来自主计算机的控制信号为 ON 时，接触器开始动作，驱动模块驱动 6 个轴电机。

如图 5-30 所示为接触器模块外观，图中 A 和 B 表示电机开机接触器，C 是制动接触器，D 是 3 根跳线，E 是接触器接口电路板。在 E 处有 LED 指示灯，其状态与含义具体如下：

绿灯闪烁：串行通信错误；

持续绿灯：系统正常运行；

红灯闪烁：系统正在加电/自检模式中；

持续红灯：出现串行通信错误以外的错误。

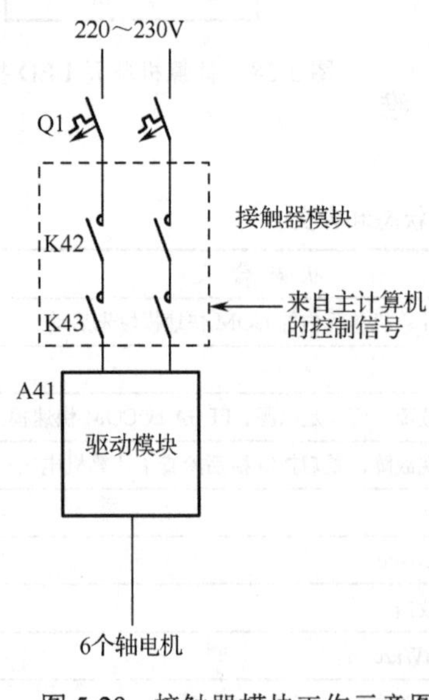

图 5-29 接触器模块工作示意图

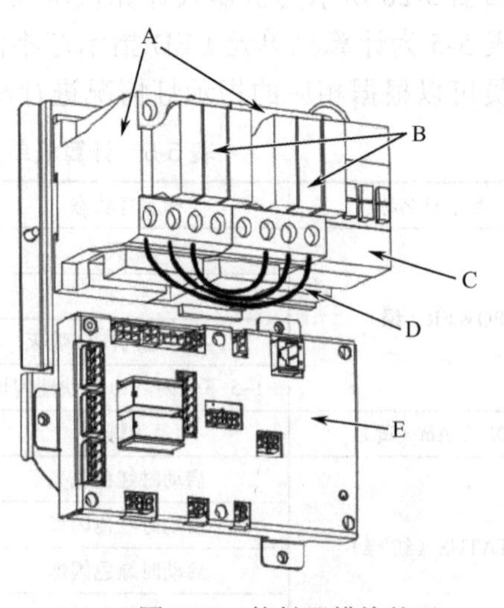

图 5-30 接触器模块外观

5.3.6　示教器的清洁与日常检查

1．示教器的清洁

在清洁示教器之前，必须先关闭控制柜机柜上的主电源开关，断开电源线与墙壁插座的连接。

如图 5-31 所示，清洁示教器时应使用软布、水或温和的清洁剂来清洁触摸屏和硬件按键，并注意以下事项：

① 清洁前，先检查是否所有保护盖都已安装到示教器上，确保没有固体异物或液体能够渗透到示教器内部；

② 切勿用高压清洁器进行喷洒；

③ 切勿用压缩空气、溶剂、洗涤剂或擦洗海绵来清洁示教器。

2．示教器的日常检查

表 5-6 所示为示教器日常检查内容。

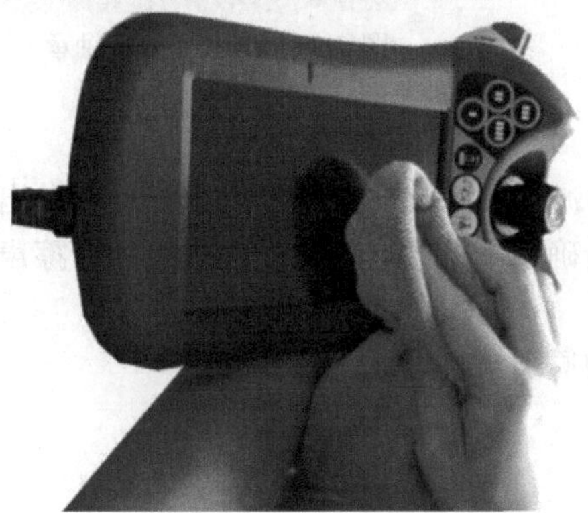

图 5-31　清洁示教器

表 5-6　示教器日常检查内容

对　象	检　查
触摸屏	显示正常，触摸对象无漂移
按钮	功能正常
手动操纵杆	功能正常

5.4　工业机器人本体故障诊断

5.4.1　工业机器人轴承类型及故障诊断

工业机器人的轴承可承受轴向、径向、倾覆等方向的综合载荷，具有高回转定位精度的特点，适用于工业机器人手臂、回转关节、底盘等部位。

1．交叉滚子轴承

在交叉滚子轴承中，因圆柱滚子或圆锥滚子在呈 90° 的 V 形沟槽滚动面上通过隔离块被相互垂直地排列，所以交叉滚子轴承可承受径向负荷、轴向负荷及力矩负荷等多方向的负荷。

如图 5-32 所示为交叉滚子轴承，其内外圈的尺寸被小型化，并且具有高刚性，精度可达到 P5、P4、P2 级，因此适用于工业机器人的关节部和旋转部。

2．等截面薄壁轴承

如图 5-33 所示为等截面薄壁轴承，又称薄壁套圈轴承，它具有精度高、承载能力强等特点。薄壁套圈轴承可以是深沟球轴承、四点接触轴承、角接触球轴承，在这些系列中，即使是更大的轴直径和轴承孔，横截面也保持不变，因此这些轴承被称为等截面薄壁轴承。

图 5-32　交叉滚子轴承

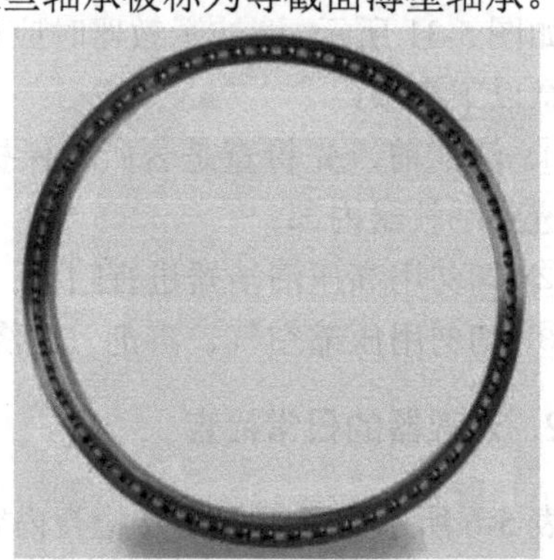

图 5-33　等截面薄壁轴承

3．轴承故障及处理方法

在工业机器人示教与自动运行期间，电机、减速机等旋转部件的轴承都不应发出振动噪声。一旦轴承发生故障，就会造成机器人路径精确度不一致，轻者发出短暂的摩擦声或者嘀嗒声，严重时可导致接头抱死。

由轴承故障导致工业机器人出现振动噪声的原因包括以下几点。

（1）轴承磨损。

（2）污染物进入轴承圈。

（3）轴承没有润滑。

振动噪声故障处理方法如下所述。

（1）确定发出噪声的轴承。

（2）确定轴承有充分的润滑。

（3）确定轴承正确装配。

（4）检查轴承是否损坏。注意，电机内的轴承不能单独更换，只能更换整个电机。

5.4.2　工业机器人减速机类型及故障诊断

在机器人行业应用的精密减速机主要有 RV 减速机、谐波减速机两类。在关节型机器人中，一般将 RV 减速机放置在机座、大臂、肩部等重负载的位置，而谐波减速机则放置在小臂、腕部或手部等轻负载的位置。

1．RV 减速机

RV 减速机是旋转矢量减速机的简称，其传动比较大。RV 减速机的传动装置由第一级渐开线圆柱齿轮行星减速机构和第二级摆线针轮行星减速机构两部分组成，为封闭差动轮系。

RV 减速机的工作原理及过程如下所述。

（1）伺服电机的旋转使输入齿轮向直齿轮传动，输入齿轮和直齿轮的齿数比为减速比，如图 5-34 所示。

（2）曲柄轴被直连在直齿轮上，与直齿轮的旋转数一样。

（3）在曲柄轴的偏心轴上，通过滚针轴承安装了 2 个 RV 齿轮（2 个 RV 齿轮可取的力平行），如图 5-35 所示。

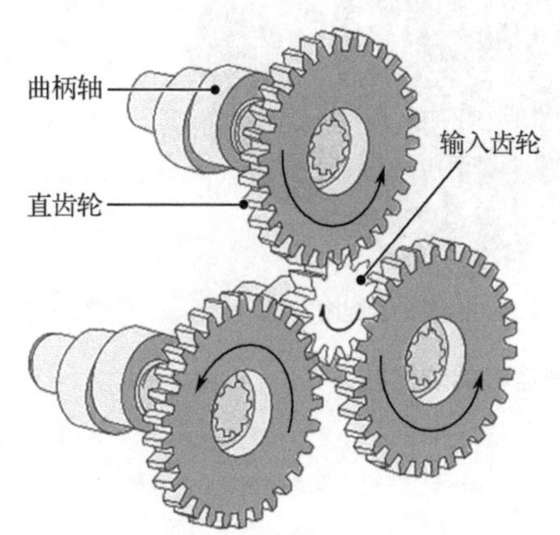

图 5-34 RV 减速机第 1 级减速

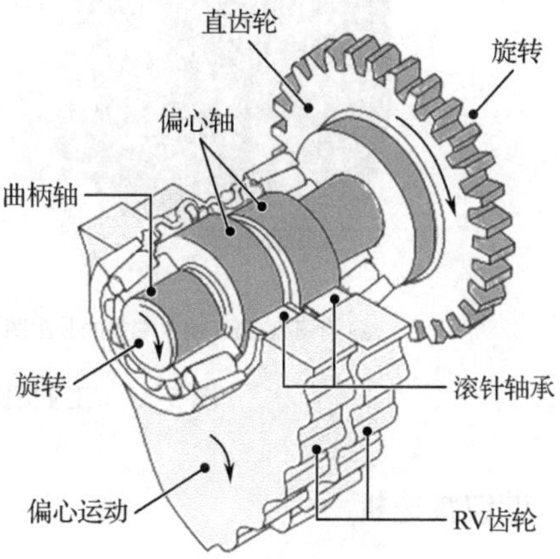

图 5-35 曲柄轴部

（4）随着曲柄轴的旋转，在偏心轴上安装的 2 个 RV 齿轮也随之做偏心运动，即曲柄运动。

（5）在壳体内侧，比 RV 齿轮的齿数多一个的针齿槽等距排列。

（6）曲柄轴旋转一次，RV 齿轮在与针齿槽接触的同时做一次偏心运动（曲柄运动），RV 齿轮沿着与曲柄轴的旋转方向相反的方向旋转一个齿轮距离。

（7）曲柄轴的旋转速度是根据针齿槽的数量来区分的。

（8）总减速比是第 1 级减速的减速比和第 2 级减速的减速比的乘积，如图 5-36 所示。

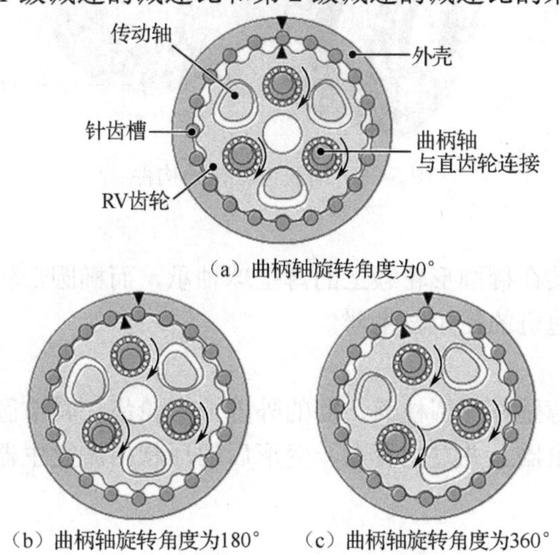

（a）曲柄轴旋转角度为0°

（b）曲柄轴旋转角度为180°　（c）曲柄轴旋转角度为360°

图 5-36 RV 减速机第 2 级减速

如图 5-37 所示是工业机器人 RV 减速机的装配图，由于该减速机同时啮合的齿轮数较多，所以具有小型、轻量、高刚性、耐超载的特点。此外，由于齿隙、旋转振动、惯性均较小，所以该减速机又具有良好的加速性能，可实现平稳运转。

（a）不带输出、输入端盖的装配图　　（b）完整的装配图

图 5-37　工业机器人 RV 减速机的装配图

2. 谐波减速机

如图 5-38 所示，谐波齿轮传动包括刚轮、柔轮和波发生器 3 个主要构件。通常先固定其中一件，其余两件一个为主动、另一个为从动，其相互关系可以根据需要变换，实际应用中多以波发生器为主动。

图 5-38　谐波齿轮传动构件

（1）波发生器。

波发生器是一种安装在椭圆形轮毂上的薄壁球轴承，而椭圆形轮毂一般安装在谐波减速机的输入轴上，作为减速机的扭矩发生器。

（2）柔轮。

柔轮是一个柔性的薄壁杯形圆柱筒，筒的外壁上有轮齿，其节圆直径略小于刚轮齿节圆直径。柔轮贴装于波发生器上并发生变形，变形后的形状由波发生器的外轮廓决定，一般为椭圆筒。

（3）刚轮。

刚轮是一个有内齿的刚性环，内齿在波发生器的长轴方向上与柔轮的外齿啮合，且齿数比柔轮多 2 个。刚轮一般安装在壳体上，作为谐波减速机的固定元件。

波发生器通常由椭圆形凸轮和柔性轴承组成，当将波发生器装入柔轮内时，柔轮由原来的圆形变为椭圆形，椭圆长轴两端的柔轮齿与刚轮齿处于完全啮合状态，即柔轮的外齿与刚轮的内齿沿齿高啮合，这是啮合区，一般有 30%左右的齿处于啮合状态；椭圆短轴两端的柔轮齿与刚轮齿处于完全脱开状态，简称脱开；在波发生器长轴和短轴之间的柔轮齿，在沿柔轮周长的不同区段内，有的逐渐退出刚轮齿间，处于半脱开状态，称为啮出。

如图 5-39 所示，波发生器在柔轮内转动时，迫使柔轮产生连续的弹性变形，此时波发生器的连续转动使柔轮齿按“啮入”→“啮合”→“啮出”→“脱开”这 4 种状态循环往复不断地改变。这种现象称为错齿运动，正是这一错齿运动，使得减速机可以将输入的高速转动变为输出的低速转动。

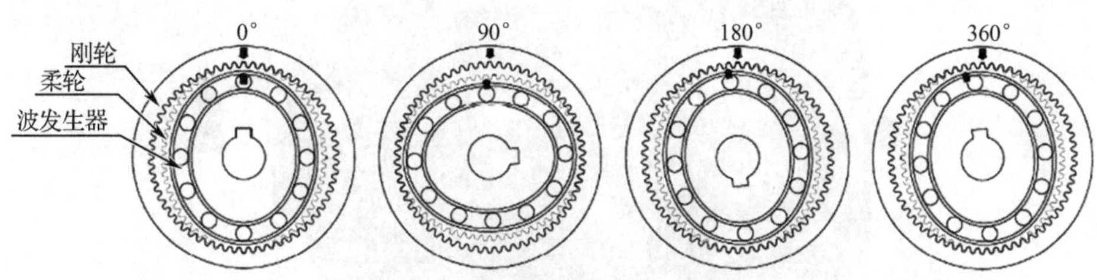

图 5-39　谐波减速机工作原理

对于双波发生器的谐波齿轮传动，当波发生器顺时针转动 1/8 周时，柔轮齿与刚轮齿由原来的啮入状态转为啮合状态，而原来的脱开状态转为啮入状态。同理，啮出变为脱开，啮合变为啮出，这样柔轮相对刚轮转动（角位移）了 1/4 齿；当波发生器再转动 1/8 周时，重复上述过程一次，这时柔轮位移一个齿距。以此类推，当波发生器相对刚轮转动一周时，柔轮相对刚轮的位移为两个齿距。

柔轮齿和刚轮齿在节圆处啮合的过程如同两个纯滚动（无滑动）的圆环一样，两者在任意瞬间在节圆上转过的弧长必须相等。由于柔轮比刚轮在节圆周长上少了两个齿距，所以柔轮在啮合过程中必须相对刚轮转过两个齿距的角位移，这个角位移正是减速机输出轴的转动，从而实现了减速的目的。

3．减速机故障

减速机故障主要是由减速机过热造成的。造成减速机过热的原因主要有以下几个。

（1）使用不合格或不匹配的润滑油。

（2）油面高度过低或过高。

（3）齿轮箱内出现过大压力。

减速机故障处理步骤如下。

（1）选择适合的润滑油。

（2）检查油面高度，确保其在正确高度范围内。

（3）在应用程序中写入一小段的“冷却周期”程序。

5.4.3 工业机器人电机故障诊断

工业机器人电机故障诊断

1. 电机温度过高

在工业机器人运行期间，如果示教器上出现“20252” 的报警信息，则表示工业机器人本体中电机温度过高。如图 5-40 所示是 IRB 4400 机器人的第 2 轴伺服电机。

图 5-40 IRB 4400 机器人的第 2 轴伺服电机

造成电机过热的原因可能有以下几个。

（1）电源电压过高或者下降过多。

（2）空气过滤器选件阻塞。

（3）电机过载运行。

（4）轴承缺油或者损坏。

处理措施如下。

（1）等待过热电机充分散热，检查电源，调整电源电压的大小；检查控制柜航空插头，并将插头插好。

（2）检查空气过滤器选件是否阻塞，如阻塞应立即更换。

（3）减小电机负载。

（4）确定轴承有充分的润滑；检查轴承是否损坏，电机内的轴承不能单独更换，只能更换整个电机。

（5）利用程序来调整热量监控设置。

2. 电机编码器故障

如图 5-41 所示为 ABB 机器人 6 轴电机的编码器，为多摩川编码器。

图 5-41　工业机器人 6 轴电机编码器

在更换新的电机编码器前，务必进行系统备份，记录编码器偏移值。同时，必须对电机有一定的了解，能够找到电机的接口连接线。如图 5-42 所示为 6 轴电机插头。

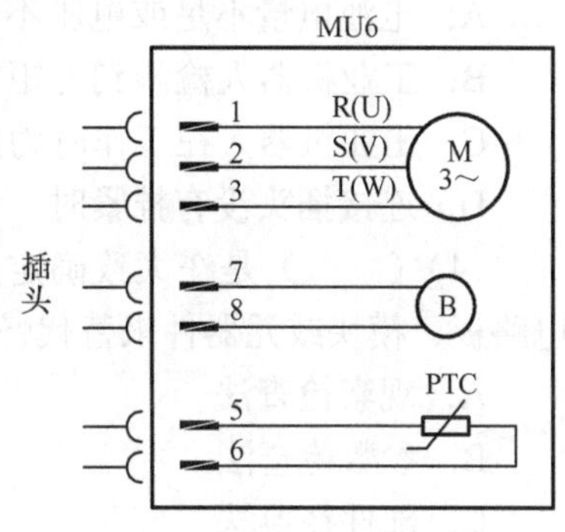

图 5-42　6 轴电机插头

在插头中找出电机的 3 个接线端子 R、S、T，直流电源先不要上电，按照图 5-43 所示方式将直流电源与伺服电机进行连接。

（1）先接通连接电机抱闸电磁铁的 24V 直流电源，完全释放伺服电机的抱闸，确保可以手动旋转电机转子。

（2）调节连接电机转子的直流电源的输出电压为 0V。

（3）打开连接电机转子的直流电源，缓慢地提高电源的输出电压，使电机的转子缓慢转动并停止于某一位置，直到电流约为额定电流值。（根据实际电机制动功率来选择）。

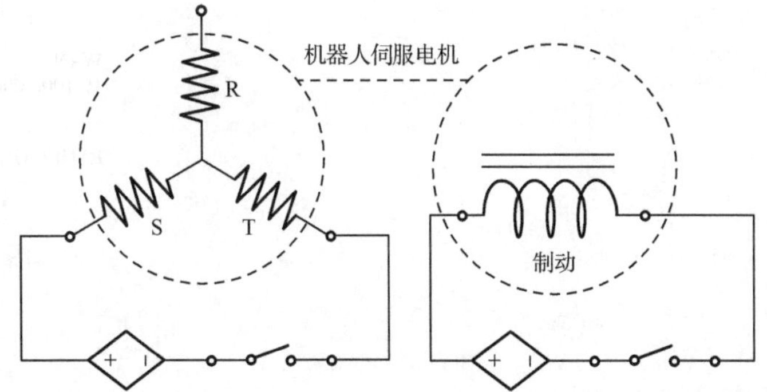

图 5-43　直流电源与伺服电机的连接

（4）固定转子位置，关闭连接电机抱闸电磁铁的直流电源，使电机抱闸吸合，禁止转子转动。

（5）固定并连接好电缆，把之前的偏移值手动输入到编码器偏移值中。

【思考与练习】

1．选择题

（1）当发现螺栓松动时，需使用（　　）涂抹在螺栓表面并以适当的力矩拧紧。

A．固体胶　　B．双面胶　　C．透明胶带　　D．防松胶

（2）在下列选项中，不属于工业机器人系统日常维护的是（　　）。

A．定位精度的确认　　B．控制装置通气口的清洁

C．渗油的确认　　D．振动、异常响声的确认

（3）系统性故障是指只要满足一定的条件或超过某一设定，工作中的工业机器人必然会发生的故障。下列哪种情况不会引起系统性故障。（　　）

A．电池电量不足或电压不够时

B．工业机器人检测到力矩等参数超过理论值时

C．工业机器人在工作时力矩过大或焊接时电流过高超过某一限值时

D．连接插头没有拧紧时

（4）（　　）是在大致确定故障范围，并确认外部条件完全相符的情况下，利用相同的电路板、模块或元器件来替代怀疑目标。

A．观察检查法

B．参数检查法

C．部件替换法

D．以上选项都不是

2．操作题：完成工业机器人本体的转数计数器更新操作。

3．分析图 5-44 所示计算机控制板相关网络端口的含义。

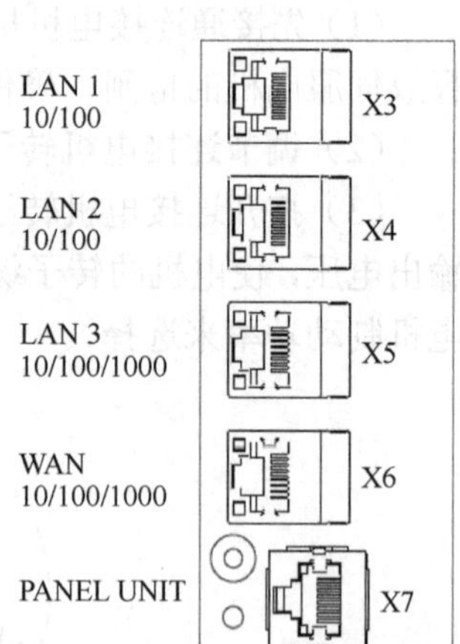

图 5-44　题 3 图

附录A ABB IRB 120 的接线

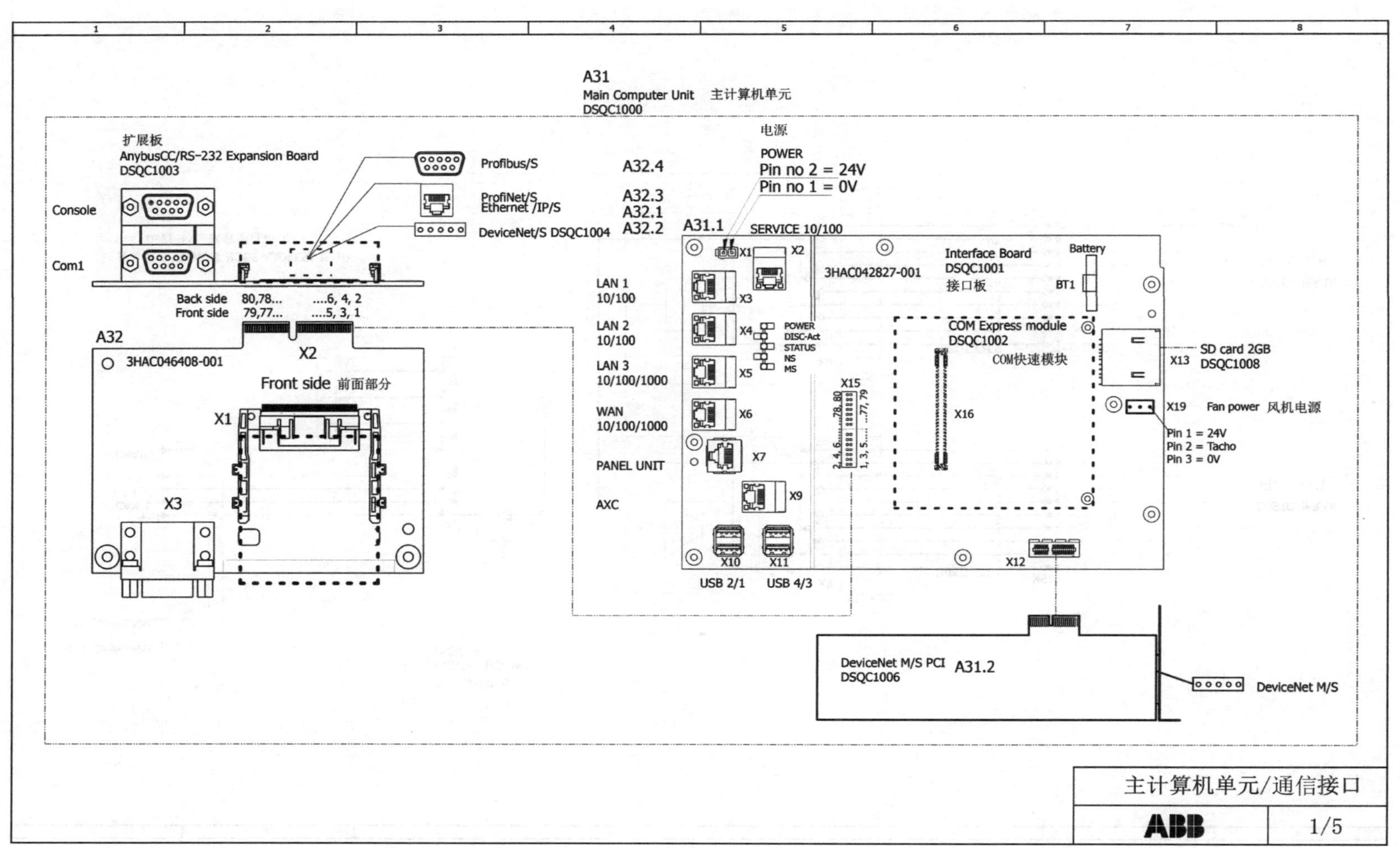

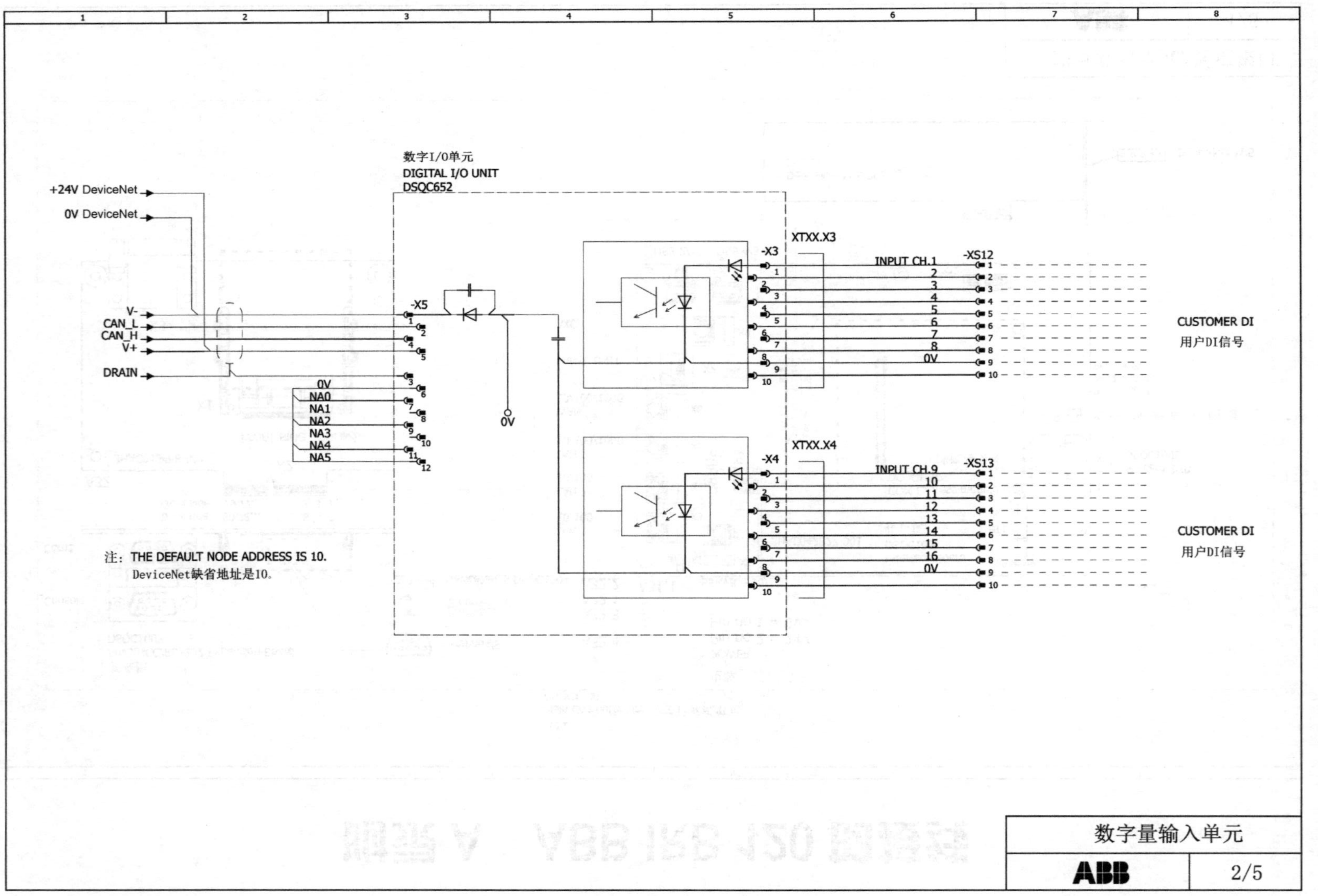
+24V DeviceNet
0V DeviceNet
V-
CAN_L
CAN_H
V+
DRAIN
数字I/O单元
DIGITAL I/O UNIT
DSQC652
-X5
0V
NA0
NA1
NA2
NA3
NA4
NA5
0V
-X3
XTXX.X3
INPUT CH.1
-XS12
0V
CUSTOMER DI
用户DI信号
-X4
XTXX.X4
INPUT CH.9
-XS13
0V
CUSTOMER DI
用户DI信号
注：THE DEFAULT NODE ADDRESS IS 10.
DeviceNet缺省地址是10。
数字量输入单元
ABB
2/5

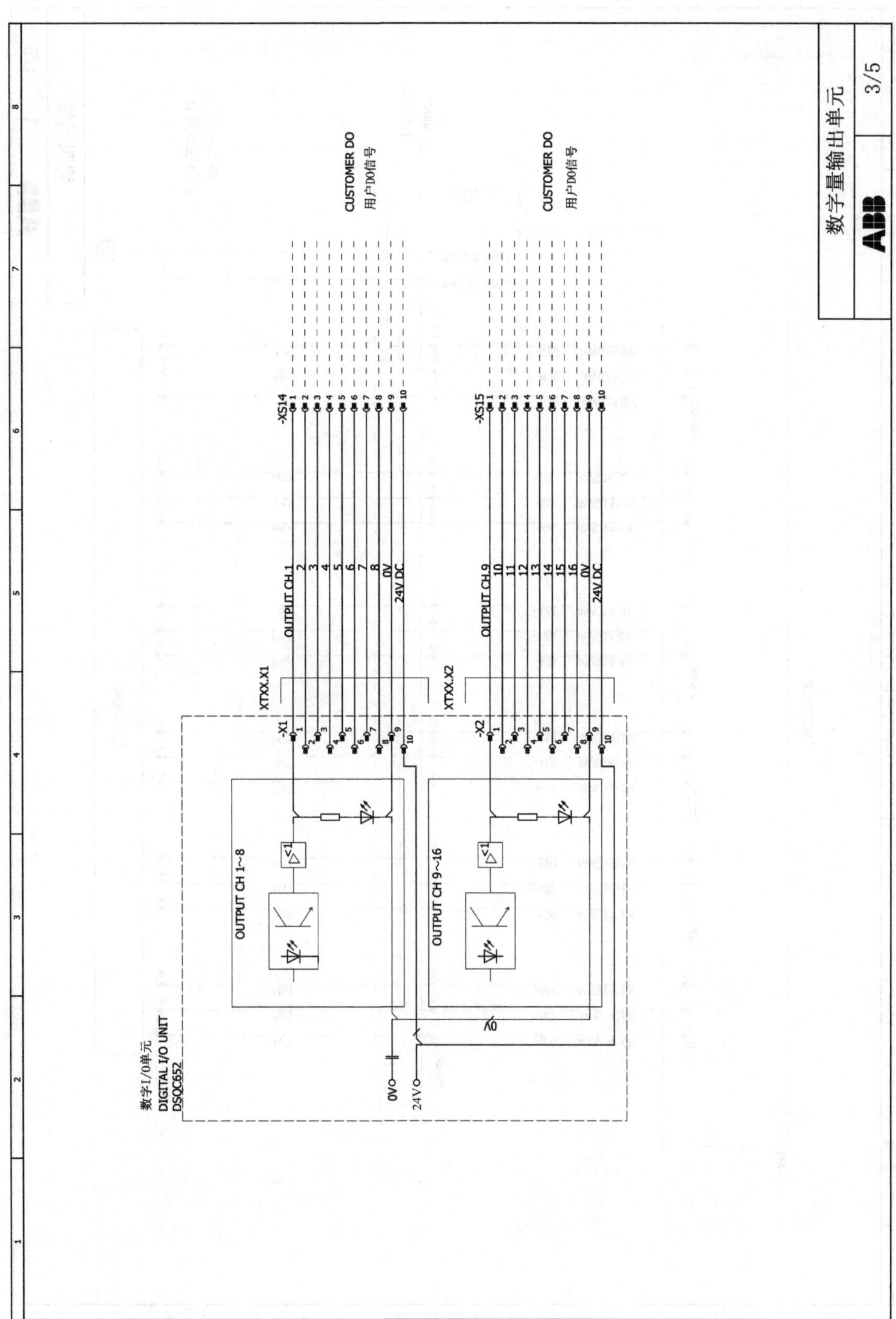
数字量输出单元
3/5
ABB
CUSTOMER DO
用户DO信号
CUSTOMER DO
用户DO信号
-XS14
-XS15
OUTPUT CH.1
2
3
4
5
6
7
8
0V
24V DC
OUTPUT CH.9
10
11
12
13
14
15
16
0V
24V DC
XTXX.X1
XTXX.X2
-X1
-X2
OUTPUT CH 1~8
OUTPUT CH 9~16
数字I/O单元
DIGITAL I/O UNIT
DSQC652
0V
24V

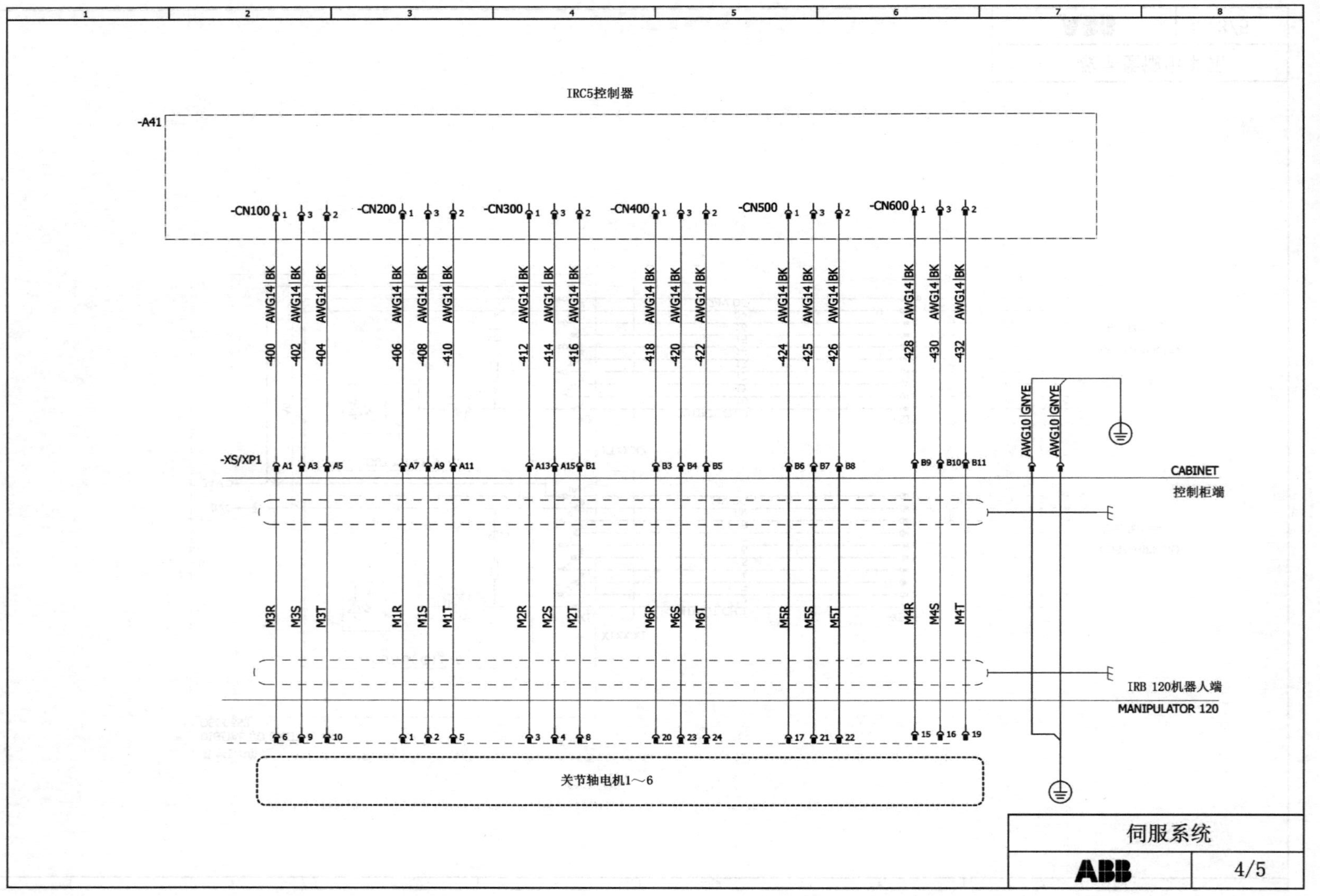

IRC5控制器
-A41
-CN100
-CN200
-CN300
-CN400
-CN500
-CN600
-400 AWG14|BK
-402 AWG14|BK
-404 AWG14|BK
-406 AWG14|BK
-408 AWG14|BK
-410 AWG14|BK
-412 AWG14|BK
-414 AWG14|BK
-416 AWG14|BK
-418 AWG14|BK
-420 AWG14|BK
-422 AWG14|BK
-424 AWG14|BK
-425 AWG14|BK
-426 AWG14|BK
-428 AWG14|BK
-430 AWG14|BK
-432 AWG14|BK
AWG10|GNYE
AWG10|GNYE
-XS/XP1
A1 A3 A5 A7 A9 A11 A13 A15 B1 B3 B4 B5 B6 B7 B8 B9 B10 B11
CABINET
控制柜端
M3R M3S M3T M1R M1S M1T M2R M2S M2T M6R M6S M6T M5R M5S M5T M4R M4S M4T
IRB 120机器人端
MANIPULATOR 120
6 9 10 1 2 5 3 4 8 20 23 24 17 21 22 15 16 19
关节轴电机1～6
伺服系统
ABB
4/5

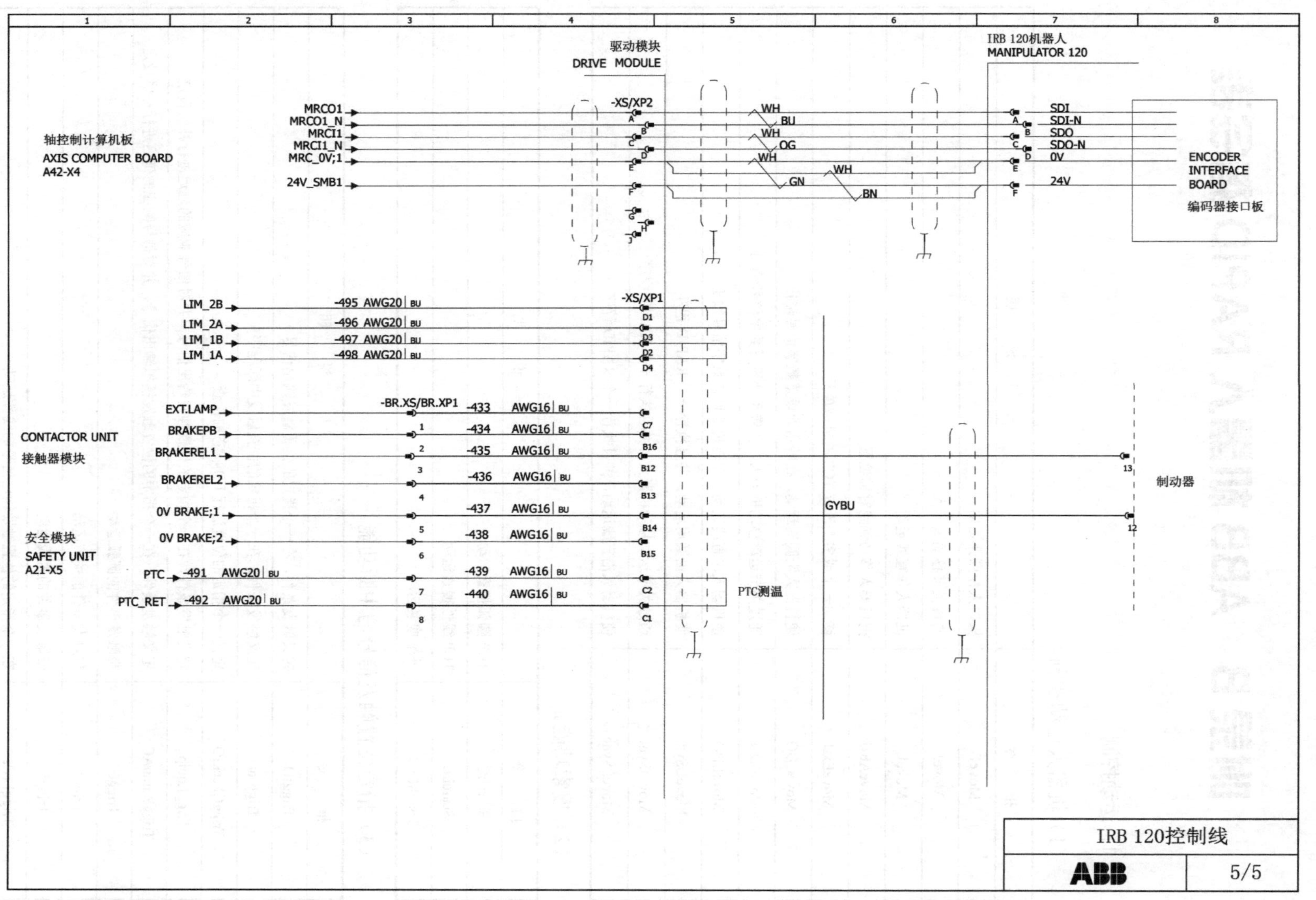
驱动模块
DRIVE MODULE
IRB 120机器人
MANIPULATOR 120
轴控制计算机板
AXIS COMPUTER BOARD
A42-X4
-XS/XP2
MRCO1
MRCO1_N
MRCI1
MRCI1_N
MRC_0V;1
24V_SMB1
WH
BU
WH
OG
WH
GN
WH
BN
SDI
SDI-N
SDO
SDO-N
0V
24V
ENCODER
INTERFACE
BOARD
编码器接口板
-XS/XP1
LIM_2B
LIM_2A
LIM_1B
LIM_1A
-495 AWG20 BU
-496 AWG20 BU
-497 AWG20 BU
-498 AWG20 BU
-BR.XS/BR.XP1
CONTACTOR UNIT
接触器模块
EXT.LAMP
BRAKEPB
BRAKEREL1
BRAKEREL2
0V BRAKE;1
0V BRAKE;2
-433 AWG16 BU
-434 AWG16 BU
-435 AWG16 BU
-436 AWG16 BU
-437 AWG16 BU
-438 AWG16 BU
-439 AWG16 BU
-440 AWG16 BU
安全模块
SAFETY UNIT
A21-X5
PTC
PTC_RET
-491 AWG20 BU
-492 AWG20 BU
PTC测温
GYBU
制动器
IRB 120控制线
ABB
5/5

附录B ABB机器人RAPID指令表

1. 运动控制

（1）机器人运动控制。

指　令	说　明
MoveC	机器人作圆弧运动
MoveJ	通过关节移动机器人
MoveL	机器人作直线运动
MoveAbsJ	把机器人移动到绝对轴位置
MoveExtJ	移动一个或多个没有TCP的机械单元
MoveCDO	使机器人沿圆周运动，在转角处设置数字信号输出
MoveJDO	通过关节运动移动机器人，在转角处设置数字信号输出
MoveLDO	使机器人沿直线运动，在转角处设置数字信号输出
MoveCSync	使机器人沿圆周运动，并且执行一个RAPID程序
MoveJSync	通过关节运动移动机器人，并且执行一个RAPID程序
MoveLSync	使机器人沿直线运动，并且执行一个RAPID程序

（2）搜索功能。

指　令	说　明
SearchC	TCP圆弧搜索运动
SearchL	TCP线性搜索运动
SearchExtJ	外轴搜索运动

（3）指定位置触发信号与中断功能。

指　令	说　明
TriggIO	定义触发条件，在一个指定的位置触发输出信号
TriggInt	定义触发条件，在一个指定的位置触发中断程序
TriggCheckIO	定义一个指定的位置进行I/O状态的检查
TriggEquip	定义触发条件，在一个指定的位置触发输出信号，并对信号响应的延迟进行补偿设定
TriggRampAO	定义触发条件，在一个指定的位置触发模拟输出信号，并对信号响应的延迟进行补偿设定
TriggC	带触发事件的圆弧运动
TriggJ	带触发事件的关节运动
TriggL	带触发事件的直线运动
TriggLIOs	在一个指定的位置触发输出信号的线性运动

续表

指　　令	说　　明
StepBwdPath	在RESTART的事件程序中进行路径的返回
TriggStopProc	在系统中创建一个监控处理，用于在STOP和QSTOP中需要信号复位和程序数据复位的操作
TriggSpeed	定义模拟输出信号与实际TCP速度之间的配合

（4）出错或中断时的运动控制。

指　　令	说　　明
StopMove	停止机器人运动
StartMove	重新启动机器人运动
StartMoveRetry	重新启动机器人运动及相关的参数设定
StopMoveReset	对停止运动状态复位，但不重新启动机器人运动
StorePath*	存储已生成的最近路径
RestoPath*	重新生成之前存储的路径
ClearPath	在当前的运动路径级别中，清空整个运动路径
PathLevel	获取当前路径级别
SyncMoveSuspend*	在StorePath的路径级别中暂停同步坐标的运动
SyncMoveResume*	在StorePath的路径级别中返回同步坐标的运动

*：这些功能需要选项“Path recovery”配合。

（5）外轴的控制。

指　　令	说　　明
DeactUnit	关闭一个外轴单元
ActUnit	激活一个外轴单元
MechUnitLoad	定义外轴单元的有效载荷
GetNextMechUnit	检索外轴单元在机器人系统中的名字
IsMechUnitActive	检查一个外轴单元状态是关闭还是激活

（6）独立轴控制。

指　　令	说　　明
IndAMove	将一个轴设定为独立轴模式并进行绝对位置方式运动
IndCMove	将一个轴设定为独立轴模式并进行连续方式运动
IndDMove	将一个轴设定为独立轴模式并进行角度方式运动
IndRMove	将一个轴设定为独立轴模式并进行相对位置方式运动
IndReset	取消独立轴模式
IndInpos	检查独立轴是否已到达指定位置
IndSpeed	检查独立轴是否已达到指定速度

注：这些功能需要选项“Independent movement”配合。

（7）路径修正功能。

指　　令	说　　明
CorrCon	连接一个路径修正生成器
CorrWrite	将路径坐标系统中的修正值写入修正生成器
CorrDiscon	断开一个已连接的路径修正生成器
CorrClear	取消所有已连接的路径修正生成器
CorrRead	读取所有已连接的路径修正生成器的总修正值

注：这些功能需要选项“Path offset or RobotWare-Arc sensor”配合。

（8）路径记录功能。

指　　令	说　　明
PathRecStart	开始记录机器人的路径
PathRecStop	停止记录机器人的路径
PathRecMoveBwd	机器人根据记录的路径做后退动作
PathRecMoveFwd	机器人运动到执行 PathRecMoveBwd 这个指令的位置上
PathRecValidBwd	检查是否已激活路径记录和是否有可后退的路径
PathRecValidFwd	检查是否有可向前的记录路径

注：这些功能需要选项“Path recovery”配合。

（9）输送链跟踪功能。

指　　令	说　　明
WaitWObj	等待输送链上的工件坐标
DropWObj	放弃输送链上的工件坐标

注：这些功能需要选项“Conveyor tracking”配合。

（10）传感器同步功能。

指　　令	说　　明
WaitSensor	将一个在开始窗口的对象与传感器设备关联起来
SyncToSensor	开始/停止机器人与传感器设备的运动同步
DropSensor	断开当前对象的连接

注：这些功能需要选项“Sensor synchronization”配合。

（11）有效载荷与碰撞检测。

指　　令	说　　明
MotionSup*	激活/关闭运动监控
LoadId	工具或有效载荷的识别
ManLoadId	外轴有效载荷的识别

*：此功能需要选项“Collision detection”配合。

（12）关于位置的功能。

指　令	说　明
Offs	设置机器人位置偏移
RelTool	对工具的位置和姿态进行偏移
CalcRobT	根据 jointtarget 计算出 robtarget
CPos	读取机器人当前的 X、Y、Z 位置信息
CRobT	读取机器人当前的 robtarget
CJointT	读取机器人当前的关节轴角度
ReadMotor	读取轴电机当前的角度
CTool	读取工具坐标当前的数据
CWObj	读取工件坐标当前的数据
MirPos	镜像一个位置
CalcJointT	根据 robtarget 计算出 jointtarget
Distance	计算两个位置的距离
PFRestart	检查重启中断事件
CSpeedOverride	读取当前使用的速度倍率

2. 输入/输出信号的处理

（1）对输入/输出信号的值进行设定。

指　令	说　明
InvertDO	对一个数字输出信号的值置反
PulseDO	输出数字脉冲信号
Reset	将数字输出信号置 0
Set	将数字输出信号置 1
SetAO	设定模拟输出信号的值
SetDO	设定数字输出信号的值
SetGO	设定组输出信号的值

（2）读取输入/输出信号值。

指　令	说　明
AOutput	读取模拟输出信号的当前值
DOutput	读取数字输出信号的当前值
GOutput	读取组输出信号的当前值
TestDI	检查一个数字输入信号是否已置 1
ValidIO	检查 I/O 信号是否有效

（3）等待输入/输出信号。

指　令	说　明
WaitDI	等待一个数字输入信号的指定状态
WaitDO	等待一个数字输出信号的指定状态
WaitGI	等待一个组输入信号的指定值
WaitGO	等待一个组输出信号的指定值
WaitAI	等待一个模拟输入信号的指定值
WaitAO	等待一个模拟输出信号的指定值

（4）I/O 模块的控制。

指　令	说　明
IODisable	关闭一个 I/O 模块
IOEnable	开启一个 I/O 模块

3. 程序执行的控制

（1）程序的调用。

指　令	说　明
ProcCall	调用例行程序
CallByVar	通过带变量的例行程序名称调用例行程序
RETURN	返回原例行程序

（2）例行程序内的逻辑控制。

指　令	说　明
Compact IF	如果条件满足，就执行下一条指令
IF	当满足不同的条件时，执行对应的程序
FOR	根据指定的次数，重复执行对应的程序
WHILE	如果条件满足，就重复执行对应的程序
TEST	对一个变量进行判断，从而执行不同的程序
GOTO	跳转到例行程序内标签的位置
Lable	跳转标签

（3）停止程序执行。

指　令	说　明
Stop	停止程序执行
EXIT	停止程序执行并禁止在停止处再开始
Break	临时停止程序的执行，主要用于手动调试
SystemStopAction	停止程序执行与机器人运动
ExitCycle	中止当前程序的运行并将程序指针 PP 复位到主程序的第一条指令。如果选择了程序连续运行模式，则程序将从主程序的第一句开始重新执行

4. 变量指令

（1）赋值指令。

指　　令	说　　明
:=	对程序数据进行赋值

（2）等待指令。

指　　令	说　　明
WaitTime	等待一个指定的时间，程序再往下执行
WaitUntil	等待一个条件满足后，程序再往下执行
WaitDI	等待一个输入信号状态为设定值
WaitDO	等待一个输出信号状态为设定值

（3）程序注释。

指　　令	说　　明
Comment	对程序进行注释

（4）程序模块加载。

指　　令	说　　明
Load	从机器人硬盘中加载一个程序模块到运行内存
UnLoad	从运行内存中卸载一个程序模块
Start Load	在程序执行过程中，加载一个程序模块到运行内存中
Wait Load	在使用 Start Load 后，使用此指令将程序模块连接到任务中使用
CancelLoad	取消加载程序模块
CheckProgRef	检查程序引用
Save	保存程序模块
EraseModule	从运行内存中删除程序模块

（5）变量功能。

指　　令	说　　明
TryInt	判断数据是否是有效的整数
OpMode	读取当前机器人的操作模式
RunMode	读取当前机器人程序的运行模式
NonMotionMode	读取程序任务当前是否无运动的执行模式
Dim	获取一个数组的维数
Present	读取带参数例行程序的可选参数值
IsPers	判断一个参数是不是可变量
IsVar	判断一个参数是不是变量

（6）转换功能。

指　　令	说　　明
StrToByte	将字符串转换为指定格式的字节数据
ByteToStr	将字节数据转换为字符串

5. 运动设定

（1）速度设定。

指　　令	说　　明
MaxRobSpeed	获取当前型号机器人可实现的最大 TCP 速度
VelSet	设定最大的速度倍率
SpeedRefresh	更新当前运动的速度倍率
AccSet	定义机器人的加速度
WorldAccLim	设定大地坐标系中工具与载荷的加速度
PathAccLim	设定运动路径中 TCP 的加速度

（2）轴配置管理。

指　　令	说　　明
ConfJ	关节运动的轴配置控制
ConfL	线性运动的轴配置控制

（3）奇异点的管理。

指　　令	说　　明
SingArea	设定机器人运动时在奇异点的插补方式

（4）位置偏置功能。

指　　令	说　　明
PDispOn	激活位置偏置
PDispSet	激活指定数值的位置偏置
PDispOff	关闭位置偏置
EOffsOn	激活外轴偏置
EOffsSet	激活指定数值的外轴偏置
EOffsOff	关闭外轴位置偏置
DefDFrame	通过 3 个位置数据计算出位置的偏置
DefFrame	通过 6 个位置数据计算出位置的偏置
ORobT	从一个位置数据中删除位置偏置
DefAccFrame	由原始位置和替换位置定义一个框架

（5）软伺服功能。

指　　令	说　　明
SoftAct	激活一个或多个轴的软伺服功能
SoftDeact	关闭软伺服功能

（6）机器人参数调整功能。

指　　令	说　　明
TuneServo	伺服调整
TuneReset	伺服调整复位
PathResol	几何路径精度调整
CirPathMode	在圆周路径中工具重新定向

（7）空间监控管理。

指　　令	说　　明
WZBoxDef	定义一个方形的监控空间
WZCylDef	定义一个圆柱形的监控空间
WZSphDef	定义一个球形的监控空间
WZHomeJointDef	定义一个关节轴坐标的监控空间
WZLimJointDef	定义一个限定为不可进入的关节轴坐标监控空间
WZLimSup	激活一个监控空间并限定为不可进入
WZDOSet	激活一个监控空间并与一个输出信号关联
WZEnable	激活一个临时的监控空间
WZFree	关闭一个临时的监控空间

注：这些功能需要选项“World zones”配合。

6．通信功能

（1）示教器上人机界面的功能。

指　　令	说　　明
TPErase	清屏
TPWrite	在示教器操作界面上写信息
ErrWrite	在示教器事件日志中写报警信息并存储
TPReadFK	互动的功能键操作
TPReadNum	互动的数字键盘操作
TPShow	通过 RAPID 程序打开指定的窗口

（2）通过串口进行读/写。

指　令	说　明
Open	打开串口
Write	对串口进行写文本操作
Close	关闭串口
WriteBin	写一个二进制数的操作
WriteAnyBin	写任意二进制数的操作
WriteStrBin	写字符的操作
Rewind	设定文件开始的位置
ClearIOBuff	清空串口的输入缓存
ReadAnyBin	从串口读取任意的二进制数
ReadNum	读取数字量
ReadStr	读取字符串
ReadBin	从二进制串口读取数据
ReadStrBin	从二进制串口读取字符串

（3）Sockets 通信。

指　令	说　明
SocketCreate	创建新的 socket
SocketConnect	连接远程计算机
SocketSend	发送数据到远程计算机
SocketReceive	从远程计算机接收数据
SocketClose	关闭 socket
SocketGetStatus	获取当前 socket 状态

7．中断程序

（1）中断设定。

指　令	说　明
CONNECT	连接一个中断符号到中断程序
ISignalDI	使用一个数字输入信号触发中断
ISignalDO	使用一个数字输出信号触发中断
ISignalGI	使用一个组输入信号触发中断
ISignalGO	使用一个组输出信号触发中断
ISignalAI	使用一个模拟输入信号触发中断
ISignalAO	使用一个模拟输出信号触发中断
ITimer	计时中断
TriggInt	在一个指定的位置触发中断

续表

指　令	说　明
IPers	使用一个可变量触发中断
IError	当一个错误发生时触发中断
IDelete	取消中断

（2）中断控制。

指　令	说　明
ISleep	关闭一个中断
IWatch	激活一个中断
IDisable	关闭所有中断
IEnable	激活所有中断

8. 时间控制

指　令	说　明
ClkReset	计时器复位
ClkStart	计时器开始计时
ClkStop	计时器停止计时
ClkRead	读取计时器数值
CDate	读取当前日期
CTime	读取当前时间
GetTime	读取当前时间（时间格式）

9. 数学运算

（1）简单运算。

指　令	说　明
Clear	清空数值
Add	加操作
Incr	加1操作
Decr	减1操作

（2）算数功能。

指　令	说　明
Abs	取绝对值
Round	四舍五入
Trunc	舍位操作
Sqrt	计算二次根

续表

指　　令	说　　明
Exp	计算指数值 e^x
Pow	计算任意基底的指数值
ACos	计算圆弧余弦值
ASin	计算圆弧正弦值
ATan	计算圆弧正切值[-90,90]
ATan2	计算圆弧正切值[-180,180]
Cos	计算余弦值
Sin	计算正弦值
Tan	计算正切值
EulerZYX	用姿态计算欧拉角
OrientZYX	用欧拉角计算姿态

参考文献

[1] 李方园. 智能工厂设备配置研究[M]. 北京：电子工业出版社，2018.
[2] 叶晖. 工业机器人实操与应用技巧（第 2 版）[M]. 北京：机械工业出版社，2017.
[3] 佘明洪. 工业机器人操作与编程[M]. 北京：机械工业出版社，2017.
[4] ABB 官方网站：https://new.abb.com/products/robotics.